陆地生态系统修复与固碳技术教材体系

安黎哲 总主编

LOW-CARBON CONSTRUCTION
低碳建造

瞿 志 林 洋 张昕楠 ◎ 主编

中国林业出版社
China Forestry Publishing House

内 容 简 介

本教材基于绿色环保领域，主要围绕风景园林建筑设计中的低碳化建造进行介绍。内容包括概述、低碳建筑材料、低碳构造设计、低碳结构设计和低碳建造方式。本教材可作为普通高等院校和职业院校风景园林、园林、景观设计和环境艺术等专业的教学用书，也可作为行业从业人员的参考书。

图书在版编目（CIP）数据

低碳建造 / 瞿志，林洋，张昕楠主编. -- 北京 : 中国林业出版社, 2024. 10. -- （陆地生态系统修复与固碳技术教材体系）. -- ISBN 978-7-5219-2915-7

Ⅰ. TU201.5

中国国家版本馆CIP数据核字第2024E1C974号

策划编辑：康红梅
责任编辑：康红梅
责任校对：苏　梅
封面设计：北京反卷艺术设计有限公司

出版发行　中国林业出版社
　　　　　（100009，北京市西城区刘海胡同7号，电话010-83223120，83143551）
电子邮箱　jiaocaipublic@163.com
网　　址　https://www.cfph.net
印　　刷　北京中科印刷有限公司
版　　次　2024年10月第1版
印　　次　2024年10月第1次印刷
开　　本　787mm×1092mm　1/16
印　　张　9
字　　数　214千字
定　　价　59.00元

数字资源

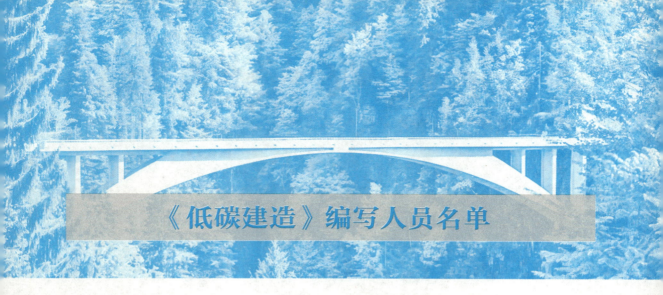

《低碳建造》编写人员名单

主　　编　　瞿　志（北京林业大学）

　　　　　　林　洋（北京林业大学）

　　　　　　张昕楠（天津大学）

副 主 编　　郑小东（北京林业大学）

　　　　　　翟玉琨（北京林业大学）

　　　　　　郦大方（北京林业大学）

参编人员　　（按姓氏拼音排序）

　　　　　　陈　非（天津大学）

　　　　　　胡映东（北京交通大学）

　　　　　　李　淼（中国建筑设计研究院有限公司）

　　　　　　孟璠磊（北京建筑大学）

　　　　　　钱　毅（北方工业大学）

　　　　　　孙宇璇（重庆大学）

　　　　　　韦诗誉（清华大学）

主　　审　　王　路（清华大学）

　　　　　　李　翅（北京林业大学）

　　　　　　卢健松（湖南大学）

前言

近几十年来,全球人口的急剧增加和产业的迅猛发展导致了化石能源的大量消耗。这些化石能源燃烧释放的二氧化碳等温室气体,破坏了地球生态系统与大气二氧化碳交换的平衡,导致地球大气中温室气体浓度的持续上升。这种现象加剧了全球气候变暖的趋势,不仅引起了极端天气事件的增加,还威胁到了全球范围内的生态安全和人类的可持续发展。习近平总书记在党的二十大报告中指出:"大自然是人类赖以生存发展的基本条件。尊重自然、顺应自然、保护自然,是全面建设社会主义现代化国家的内在要求。必须牢固树立和践行绿水青山就是金山银山的理念,站在人与自然和谐共生的高度谋划发展。"目前,建筑行业正朝着低碳化方向迈进,节能降碳技术的研发与应用正加速推进。同时,资源的节约和集约利用也正在深化,废弃物循环利用体系也在积极构建中。展望未来,我们应牢记习近平总书记的教导,坚定不移地推动绿色循环低碳发展,促进人与自然的和谐共生。

低碳化在建筑业的应用与发展统称为"低碳建造",是当前建筑行业发展的重要方向之一。随着人类环境保护意识的增强,低碳建造不仅关乎建筑过程中的能源使用效率,还涉及建筑材料的选择和全生命周期分析。通过采用节能材料和技术,低碳建造不仅可以降低建筑物的能耗,还有助于减少对自然资源的消耗。实现清洁生产和绿色人居是低碳建造的重要目标之一。清洁生产指通过优化生产过程和管理方式,最大限度地减少资源的消耗和环境污染。在建筑领域,清洁生产可以通过使用可再生能源、节能材料和循环利用资源等方式实现。绿色人居则关注建筑对居住者健康和舒适性的影响,通过提升室内空气流动、优化采光和保证热舒适度等手段,创造更宜居的生活环境。低碳建造对我国人居环境、社会经济建设和可持续发展都具有重要意义。在城市化快速发展的背景下,采用低碳建造理念不仅能够减少碳排放,还能有效提升居民的生活质量。通过政策引导和技术创新,低碳建造有望在未来的建筑行业中发挥越来越重要的作用,推动建筑业向着可持续的方向迈进。

为加快教育强国建设,深化"四新"建设,培养战略性新兴领域紧缺人才,教育部开展了战略性新兴领域"十四五"高等教育教材体系建设。《低碳建造》基于绿色环保领域，主要围绕风景园林建筑设计中的低碳化建造要点分别介绍了低碳建筑材料、低碳构造设计、低碳结构设计和低碳建造方式。

希望本教材能对从事风景园林、园林等专业教学的普通高等院校和职业院校起到支撑作用，对丰富学生的专业知识有所帮助。本教材的文稿编写、插图绘制、数字资源制作由编写团队共同完成，注入了团队成员的大量心血，在此一并感谢。同时也感谢中国林业出版社为这部教材的出版奠定了坚实的基础。但因时间仓促，本教材内容难免会有遗漏和不足之处，请各位读者不吝赐教。

编　者
2024年5月

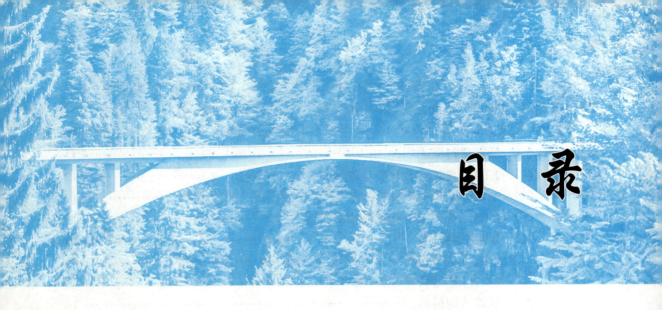

目 录

前 言

第1章 概 述 / 1

1.1 低碳与低碳经济 ………………………………………………… 1
　　1.1.1 低碳 …………………………………………………………… 1
　　1.1.2 低碳经济 ……………………………………………………… 2
1.2 低碳建筑及相关概念 …………………………………………… 2
　　1.2.1 生态建筑 ……………………………………………………… 3
　　1.2.2 节能建筑 ……………………………………………………… 3
　　1.2.3 绿色建筑 ……………………………………………………… 3
　　1.2.4 可持续建筑 …………………………………………………… 3
　　1.2.5 低碳建筑 ……………………………………………………… 4
　　1.2.6 相关概念区别 ………………………………………………… 4
1.3 低碳建筑内涵、特征与发展意义 ……………………………… 5
　　1.3.1 低碳建筑价值 ………………………………………………… 5
　　1.3.2 低碳建筑内涵 ………………………………………………… 6
　　1.3.3 低碳建筑特征 ………………………………………………… 6
　　1.3.4 发展低碳建筑意义 …………………………………………… 7
1.4 建造过程与低碳建造措施 ……………………………………… 7
　　1.4.1 建造过程 ……………………………………………………… 7
　　1.4.2 低碳建造 ……………………………………………………… 8
　　1.4.3 低碳建造措施 ………………………………………………… 8
小　结 ………………………………………………………………… 9
思考题 ………………………………………………………………… 9
推荐阅读书目 ………………………………………………………… 9

第 2 章 低碳建筑材料 / 10

- 2.1 低碳材料概述 … 11
  - 2.1.1 建筑材料对环境的影响 … 12
  - 2.1.2 采用低碳材料的意义 … 12
  - 2.1.3 推广低碳材料面临的问题 … 13
- 2.2 建筑材料分类 … 13
  - 2.2.1 结构材料 … 14
  - 2.2.2 非结构材料 … 15
- 2.3 低碳结构材料 … 16
  - 2.3.1 混凝土 … 17
  - 2.3.2 钢材 … 21
  - 2.3.3 砌体材料 … 24
  - 2.3.4 木竹材 … 26
- 2.4 低碳非结构材料 … 30
  - 2.4.1 保温隔热材料 … 31
  - 2.4.2 防水材料 … 33
  - 2.4.3 装饰材料 … 35
  - 2.4.4 其他新型低碳材料 … 37
- 2.5 低碳材料应用策略 … 41
  - 2.5.1 使用可再生材料 … 41
  - 2.5.2 使用可循环材料 … 41
  - 2.5.3 使用生物基材料 … 42
  - 2.5.4 使用高性能材料 … 43
  - 2.5.5 选择本地材料 … 43
  - 2.5.6 探索新型材料 … 43

小 结 … 44
思考题 … 45
推荐阅读书目 … 45

第 3 章 低碳构造设计 / 46

- 3.1 围护界面低碳设计 … 47
  - 3.1.1 围护墙体低碳设计 … 47
  - 3.1.2 屋顶低碳设计 … 49
  - 3.1.3 外门窗低碳设计 … 54

  3.1.4 外遮阳低碳设计 …………………………………… 58
  3.1.5 围护界面低碳设计案例 ……………………………… 61
 3.2 构造材料低碳设计原则 …………………………………… 66
  3.2.1 控制用材总量 ……………………………………… 66
  3.2.2 鼓励就地取材 ……………………………………… 68
  3.2.3 循环再生材料 ……………………………………… 70
  3.2.4 一体化设计 ………………………………………… 72
 小　结 ………………………………………………………… 73
 思考题 ………………………………………………………… 73
 推荐阅读书目 ………………………………………………… 74

第 4 章　低碳结构设计　/　75

 4.1 低碳结构材料选择 ……………………………………… 76
  4.1.1 评估材料优势 ……………………………………… 76
  4.1.2 选用高强材料 ……………………………………… 77
  4.1.3 协同材料受力 ……………………………………… 77
  4.1.4 降低胶结材料碳排 ………………………………… 78
  4.1.5 尽量就地取材 ……………………………………… 78
  4.1.6 采用轻质材料 ……………………………………… 79
  4.1.7 废料可再利用 ……………………………………… 80
  4.1.8 使用竹木结构 ……………………………………… 81
 4.2 低碳结构选型 …………………………………………… 82
  4.2.1 结构低碳选型总原则 ……………………………… 83
  4.2.2 园林建筑线性形态的结构低碳选型 ……………… 86
  4.2.3 园林建筑空间形态的结构低碳选型 ……………… 91
  4.2.4 结构低碳选型方法展望 …………………………… 97
 小　结 ………………………………………………………… 97
 思考题 ………………………………………………………… 98
 推荐阅读书目 ………………………………………………… 98

第 5 章　低碳建造方式　/　99

 5.1 装配式建筑类型 ………………………………………… 100
  5.1.1 按材料划分 ………………………………………… 101
  5.1.2 按构件划分 ………………………………………… 109

3

5.2 装配式建筑碳足迹 ··· 114
　　5.2.1 建材生产 ··· 114
　　5.2.2 构件加工 ··· 116
　　5.2.3 建材及构件运输 ·· 117
　　5.2.4 现场组装 ··· 118
　　5.2.5 建筑维护 ··· 119
　　5.2.6 建筑拆除与垃圾处置 ·· 120
5.3 装配式建筑减碳技术 ··· 122
　　5.3.1 面向制造和装配的设计 ··· 123
　　5.3.2 并行设计 ··· 125
　　5.3.3 集成设计 ··· 125
　　5.3.4 BIM 技术 ··· 126
　　5.3.5 精益生产与建造 ·· 128
　　5.3.6 智慧建造 ··· 129
　　5.3.7 可拆卸设计 ··· 130
小　结 ··· 131
思考题 ··· 132
推荐阅读书目 ·· 132

参考文献 ·· **133**

第 1 章 概 述

> **本章提要**
>
> 本章主要介绍了低碳、低碳建筑和低碳建造等基本概念；区分了低碳建筑、生态建筑、节能建筑、绿色建筑、可持续建筑等相似概念；阐释了低碳建筑的内涵、特征与发展意义；解析了建筑的过程并给出了低碳建造的具体措施。通过这些措施的应用，可以实现低碳建筑可持续发展的建筑理念。

　　在当今世界，随着环境问题的日益严峻，低碳生活和可持续发展已经成为全球关注的焦点。建筑行业作为能源消耗和碳排放的重要来源，其转型和创新对于实现低碳发展具有重要的意义。人们日益关注的低碳建造在应对气候变化、节约资源和保护环境方面，正在发挥积极的作用。在建造过程中引入的低碳措施，能够在减少能源消耗和降低碳足迹的同时，提高建筑的舒适度和使用寿命，提高建筑的经济效益和社会效益。通过低碳建造，推进降碳、减污，实现更加绿色、健康、可持续的建筑环境，为美丽中国建设做出贡献。

1.1 低碳与低碳经济

1.1.1 低碳

　　随着工业化和城市化的加速发展，人类活动导致全球气候变化、环境污染等问题日益严重。2007年，联合国政府间气候变化专门委员会（Intergovernmental Panel on Climate Change，IPCC）发布的第四次评估报告明确指出，全球变暖的主要原因是人类活动产生的温室气体排放。这一报告引起了国际社会的高度关注，各国开始积极探讨减少碳排放、推动低碳发展的途径和方法。低碳概念逐渐被提及并得到广泛认可。各国政府、国际组织、企业和社会组织纷纷响应，提出了一系列低碳发展的政策、计划和举措，推动低碳技术的研发和应用，倡导低碳生活方式，以应对气候变化和环境问题，实现可持续发展的目标。

碳排放是指人类生产经营活动过程中将二氧化碳（CO_2）等温室气体释放到大气中的过程。与之相反，根据1992年《联合国气候变化框架公约》（UNFCCC）的定义，碳汇指从大气中清除二氧化碳等温室气体的过程、活动或机制。

低碳是指在生产、生活和消费过程中，尽可能减少向大气中排放温室气体，提高资源利用效率，从而降低对全球气候变化的影响，推动可持续发展。包括但不限于降低能源消耗、发展清洁能源、低碳交通、低碳生活方式、低碳经济等具体实践。

1.1.2 低碳经济

低碳经济是指在生产、消费和资源利用过程中，减少温室气体排放和对环境的影响，实现经济增长与环境保护的良性循环的经济模式和发展路径。联合国政府间气候变化专门委员会（IPCC）提出的低碳经济是以低能耗、低污染为基础的绿色经济，在经济发展的各个方面实现较低的CO_2排放。低碳经济的核心理念是通过技术创新、产业转型、能源节约和清洁能源利用等手段，实现经济增长与碳排放的脱钩，从而在减少对气候变化和环境污染的影响的同时，实现经济的可持续发展。

发展低碳经济可以推动节能减排，提高资源利用效率，减少能源消耗和环境污染，降低全球气温上升的速度，减少极端天气事件的发生，保护生态系统和人类社会不受气候变化的严重影响；有助于改善环境质量，降低生产成本，提高产业竞争力。通过推动低碳经济发展，可以实现经济增长和社会发展与环境保护的良性循环，为未来世代留下更多的发展机会。

建筑业是国民经济的支柱，其发展与人民生活、生态环境、国家兴旺等息息相关。在低碳、节能、低能耗建筑已成为未来建筑行业发展趋势的背景下，传统建筑业所暴露出的建设周期长、浪费多、碳排放量大等缺陷已成为建筑业与生态环境和谐发展的瓶颈。据统计，全球50%的土地、矿石、木材资源被用于建筑；45%的能源被用于建筑的供暖、照明、通风；5%的能源用于其设备的制造。建筑是CO_2等温室气体排放的主要来源之一，几乎占据全部碳排放量的1/3。世界各国都已将建筑行业视为节能减排的主要领域之一，低碳建筑正在大力推广。

1.2 低碳建筑及相关概念

低碳建筑是低碳经济、可持续发展、绿色发展等理念在建筑领域中的一种具体表现形态，在不同语境下与生态建筑、节能建筑、绿色建筑、可持续建筑等概念互通。

1.2.1 生态建筑

"生态建筑"的概念形成于20世纪60年代，是由建筑师保罗·索莱里（Paulo Soleri）将生态学和建筑学合并提出的，主要思想是运用生态学和建筑学的原理，合理地设计和建造房屋，最大限度地节约资源、保护环境和减少污染，构造适合人类健康、生活舒适的居住环境，并达到与周围生态环境和谐共生的建筑。其基本范畴涉及以下几个方面：可以为人类发展提供良好的生存环境；节约能源，减少对自然资源的需求，实现资源利用的高效率；发展利用清洁能源技术，保护生态环境，最大限度地减少对环境的破坏；降低二氧化碳的排放，有效处理建筑废弃物，阻隔建筑造成的光污染及声污染。

1.2.2 节能建筑

"节能建筑"的概念可以追溯到20世纪70年代的能源危机。在石油价格飙升和能源供应紧张的情况下，人们开始关注建筑能耗的问题，研究如何通过建筑设计、材料选择、能源利用等方面来减少建筑的能耗，即营造低能耗的建筑，强调控制建筑使用过程中的能源消耗。

1.2.3 绿色建筑

"绿色建筑"概念最早起源于20世纪70年代的两次石油危机的节能思潮。它是指在建筑的全生命周期内减少环境污染，最高效率地利用资源，节约能源及资源，并且在不破坏环境基本生态平衡的条件下建造的一种为人们提供安全、健康、舒适性良好的生活、工作及居住使用空间的建筑。其内涵主要包含三点，即节能、环保、满足居民需求。20世纪80年代，美国环保署（EPA）开始推动绿色建筑的发展，在政府建筑和项目中推广绿色建筑的标准。中国在《绿色建筑评价标准》（GB/T 50378—2019）中将绿色建筑定义为：在全寿命期内，节约资源、保护环境、减少污染，为人们提供健康、适用、高效的使用空间，最大限度地实现人与自然和谐共生的高质量建筑。

1.2.4 可持续建筑

"可持续建筑"的概念基于1987年世界环境与发展委员会在《我们共同的未来》报告中首次提出的可持续发展概念，是于1994年第一届国际可持续建筑会议提出的，定义为：在有效利用资源和遵守生态原则的基础上，创造一个健康的建成环境并对其进行可靠的维护。其主要内涵就是利用可持续发展的建筑技术，使建筑与当地环境形成有机整体，降低环境负荷，在使用功能上既能满足当代人需要，又有益于子孙后代发展需求。可持续建筑的设计理念为通过与环境相结合，降低建筑物对周围环境的不利影响，并使建筑环境满足居住者的身心健康需求。

1.2.5 低碳建筑

"低碳建筑（low carbon buildings）"概念源自2003年英国政府提出的低碳经济理念，其2006年启动的低碳建筑项目，把采用各种技术提高建筑能效、实现碳排放量显著减少的建筑定性为低碳建筑。中国对低碳建筑的论述始见于2008年，随后可见于一系列地方标准或行业标准。

2012年5月1日实施的重庆市《低碳建筑评价标准》给出的定义是："在建筑生命周期内，从规划、设计、施工、运营、拆除、回收利用等各个阶段，通过减少碳源和增加碳汇等实现建筑生命周期碳排放性能优化的建筑。"

2017年10月1日实施的北京市地方标准DB11/T 1420—2017《低碳建筑（运行）评价技术导则》给出的定义是："通过使用高性能的建筑设备和设施，鼓励低碳行为，开展低碳管理，增加碳汇，降低能源和物质消耗，减少二氧化碳排放的建筑。"

2023年7月20日实施的中国城市科学研究会标准T/CSUS 60—2023《低碳建筑评价标准》给出的定义是："在满足建筑使用要求的基础上，以较少的化石能源和资源消耗，在全寿命期实现最大限度降低碳排放的建筑。"

综合各种概念与论述，可以归纳为：低碳建筑是指在建筑材料生产与建筑施工建造、设备制造、建筑物与设施使用及拆除的整个生命过程中，提高能效并减少总能源消耗、降低CO_2总排放量的建筑物。对于"碳排放量低"也有两重理解：一是建筑使用过程中的低碳，主要就是指建筑的能源利用，在这个意义上也可以说建筑节能是低碳建筑的主要体现；二是建筑全寿命周期的低碳，包括土地利用、材料选择、能源系统配置等。

1.2.6 相关概念区别

与低碳建筑相关的不同概念之间既有联系又有区别，既有重叠、相似之处，又有它们各自所特别关注的地方，相关概念辨析见表1-1所列。它们的任务、侧重点、针对性各有不同。

表1-1 低碳建筑及相关概念辨析

概念	要点	提出的角度
低碳建筑	降低建筑物的CO_2排放量	碳排放
生态建筑	建筑与自然生态的和谐共生	人与自然环境
节能建筑	控制建筑物使用过程中的能源消耗	节约能源
绿色建筑	节能、节地、节水、节材、环保	整个建造过程的环保、经济、合理
可持续建筑	有效利用资源和遵守生态原则	社会的可持续发展

① 在历史任务中　生态建筑的概念产生时期最早，标志着建筑业内生态观的觉醒是对当时全社会治理环境污染所作出的反应；节能建筑是应对能源危机带来的挑

战；绿色建筑是建筑业对资源节约环境友好概念的充分体现；可持续建筑的重点体现在建筑制造业的代际公平；低碳建筑是在全社会共同应对气候变化问题过程中产生的概念。

②**在研究的侧重点上** 生态建筑是借助生态学原理将建筑作为一个有机整体加以研究强调建筑自身的"生命性"；节能建筑注重建筑使用过程中的能源消耗；绿色建筑是尽可能减少对环境的影响和危害，节约资源、与自然和谐共生；可持续建筑主要研究建筑对于社会、经济、环境的统一影响，在一个时期的跨度内对建筑进行研究；低碳建筑研究的重点目标是减少二氧化碳的排放及降低能耗。

③**在针对传统建筑的不足方面** 生态建筑主要针对传统建筑在建造时未考虑生态因素这一问题；节能建筑主要针对传统建筑忽视使用时的耗能和费用；绿色建筑主要针对一直以来的黑色建筑，即耗费大量能源与资源的建筑方式；可持续建筑主要针对的是以往建筑过程中的短视性，即不可持续的建筑方式；低碳建筑针对的则是传统的高排放、高污染的"高碳建筑"。

虽然生态建筑、节能建筑、绿色建筑、可持续建筑及低碳建筑的概念、历史任务、研究方向及针对传统建筑的思路不尽相同，但它们相互间的联系非常紧密、互相融合，它们都是在全球处于危机（如能源、环境及经济危机）的大背景下产生的，有着减少能源消耗、保护环境及人类生存发展的共同目标，其实质是人类拯救自身和寻求发展的努力措施，我们把这类建筑统称为绿色低碳建筑。总的来说，低碳建筑是一个综合性的概念，主要是在建筑的全生命周期内，以可持续发展观为根本，以改革创新低碳技术、努力提高利用率为手段，以减少化石能源、充分利用资源、节约空间材料、减少二氧化碳排放为目标，最大限度地减少对环境的影响和对资源的剥削，为人类创造一个健康、舒适的生活空间，实现人与自然和谐共生，满足人类的长久发展。

1.3 低碳建筑内涵、特征与发展意义

建筑是人类为了生存、生产、生活，适应社会的各种需求而建造的庇护空间设施和环境，是包含功能性、结构性、美学性、持续性等多种属性的综合体，通常还被视为一种文化的象征，反映了一个时期或社会的技术发展水平和审美价值。功能上，建筑必须满足其初始需求的使用目的，如提供遮蔽、安全、工作、娱乐空间等；结构上，建筑必须在物理上稳固，能承受各种负荷（如重力、风力、地震等）；美学上，建筑应考虑美学因素，包括形状、比例、材料和色彩等，以及它在环境中的视觉影响；持续性上，建筑需注重可持续性，包括材料、能源、水源等资源的耗费的最少化循环化，对环境影响的最小化。

1.3.1 低碳建筑价值

低碳建筑具有多重价值，主要体现在：

① **环境价值** 低碳建筑通过减少能源消耗和温室气体排放，有助于减缓气候变化、改善空气质量和保护自然资源；采用可再生能源和节能技术，降低对环境的负面影响，有利于生态平衡的维护和生态系统的保护。

② **经济价值** 低碳建筑在建造阶段，采用节能材料和技术可以降低建筑成本；在运营阶段，节能减排可以降低能源消耗和维护成本，降低建筑物的使用成本，节省能源费用。

③ **社会价值** 低碳建筑提供了更健康、更舒适的室内环境，有利于居民的健康和生活质量的提升；低碳建筑还可以促进创新和技术发展，提升建筑行业的竞争力，为社会创造就业机会。

④ **可持续发展** 低碳建筑符合可持续发展的理念，有利于推动建筑业可持续发展，减少对自然资源的依赖，提高人类的抗灾能力，促进人居环境的改善。低碳建筑具有的多重价值，有助于实现环境、经济和社会的可持续发展，对于推动全球可持续发展具有重要意义。

1.3.2　低碳建筑内涵

低碳建筑是从全生命周期的碳排放量多少来评价建筑。节能减排、减少碳源、增加碳汇、减少总的碳排量、减轻建筑对环境的负荷、与自然环境的融合和共生等成了评价建筑是否低碳的指标。

低碳建筑是在建筑建造及使用过程中，从满足使用需求出发，以人类健康舒适为基础，以保护全球气候为目标，有效地利用自然、回归自然、保护自然，提倡循环利用，努力减少污染，保持能源消耗和控制二氧化碳排放处于较低的水平，追求人与自然环境和谐共生、建筑的永续发展，以创造一个绿色健康的生活环境。

1.3.3　低碳建筑特征

低碳建筑具有开源、节流、循环、友好、智能、舒适的特征。

① **开源** 低碳建筑倡导利用场地周围环境动能，使自然光照、通风、调温最大化，捕获太阳能供热，集成光伏和风力发电设施生产清洁能源供建筑使用，减少人工能源输入及可再生能源使用，减少对化石能源的依赖。

② **节流** 低碳建筑注重资源的高效利用，通过紧凑建筑空间，减少建筑面积，提高建筑的保温性能，减少能源损失，从而节约能源、水资源和原材料的使用，以及减少建筑垃圾的产生，实现资源的节约和高效利用。

③ **循环** 低碳建筑强调建筑材料和资源的循环利用，包括采用可再生材料、推动建筑垃圾的再利用、废水回收处理循环使用，以及建筑的设计和运营过程中的循环管理，以减少资源消耗和环境污染。

④ **友好** 低碳建筑致力于创造对环境友好的建筑环境，包括建筑与自然环境和谐共存，保护生物多样性，并减少对自然资源的依赖、减少碳排放、保护生态环境，以

及提倡可持续的生活方式。

⑤智能　低碳建筑采用智能化的设计和管理系统，通过智能控制、监测和调节，提高能源利用效率，优化建筑运营管理，实现能源、水资源和环境的智能化管理。

⑥舒适　低碳建筑追求提供健康、舒适的室内环境，包括良好的采光、通风和室内空气质量，以及舒适的室内温度和湿度，满足人们对于舒适生活的需求。

低碳建筑的目的是减少碳排放，同时还应在建筑区域增加碳汇。采用建筑结合绿化，加强建筑绿化的功能性，利用植物的光合作用吸收消耗二氧化碳，实现碳汇，减少建筑碳排放总量。

1.3.4　发展低碳建筑意义

发展低碳建筑具有多重重要意义：

①减少碳排放　建筑行业是全球温室气体排放的重要来源之一。发展低碳建筑可以降低建筑物的能源消耗，减少碳排放，有利于应对气候变化，降低全球碳排放量。

②节约能源　低碳建筑通过采用节能设计、高效设备和可再生能源等手段，可以降低建筑物的能源消耗，减少对非可再生能源的依赖，有利于能源资源的可持续利用。

③降低运营成本　低碳建筑在使用阶段具有更低的能源消耗，可以降低建筑物的运营成本，减少业主和用户的能源支出。

④提高使用舒适度　低碳建筑注重采光、通风和舒适性设计，提供更舒适的空间环境，有利于人们的健康生活。

⑤促进可持续发展　低碳建筑符合可持续发展的理念，有利于推动绿色经济和环保产业的发展，促进社会经济的可持续发展。

⑥增加建筑价值　低碳建筑在环保和节能方面具有较高的社会和经济价值，可以提高建筑的市场竞争力和投资价值。

发展低碳建筑不仅有利于降低碳排放、节约能源，还能提高使用舒适度、促进可持续发展，具有重要的环境、经济和社会意义。

1.4　建造过程与低碳建造措施

1.4.1　建造过程

建筑是人类发展到一定阶段后才出现的，人类的一切建造活动都是为了满足人的生存、生产、生活需要。从最早建造的原始小屋，到现代化的高楼大厦，人类有几千年的建造活动。随着人们对自然认识的不断深化，人们对建筑在人类社会中的地位、建筑发展模式的认识也在不断提高。

建筑是为了满足一定功能，运用一定的物质材料和技术手段，依据科学规律和美学原则而建造的相对稳定的人造空间。

建筑从立项到交付使用,至其全生命周期,要经过若干环节,主要有设计、施工、使用和维护等。

低碳建筑的建设和发展并不是一个全新的领域,只是在低碳经济时代,低碳的概念及碳交易市场促使了低碳建筑概念的形成。低碳建筑是采用低碳建造的方法而成就的低碳人造空间。

1.4.2 低碳建造

相比于低碳建筑强调的是建筑物的设计、施工、使用和维护等全过程,低碳建造更强调在建筑的建造阶段进行低碳的考量,以实现可持续发展的建筑理念:如选择可再生材料、回收材料和低碳排放材料,减少对资源的消耗;通过建筑结构和材料的优化设计,最大限度地减少能源消耗;采用预制装配式建筑(prefabrication)技术,减少施工现场的浪费和能源消耗;优化施工计划,减少施工过程中的能源消耗和废弃物产生;推广绿色施工标准,采用低碳材料和节能保温技术等,减少施工过程中的碳排放。

1.4.3 低碳建造措施

落实低碳的理念,实施低碳建筑,涉及从项目的选址到设计、建造、运营乃至最终拆除的全生命周期,其中在建造环节涉及的主要措施如下:

(1)建筑材料——低损可再生

选择可持续来源的材料;采用低碳生产过程的建筑材料;应用生物基材料和再生材料,选择就近可获取的材料;采用低碳材料。

(2)建筑构造——保温节能

使用高效的保温材料,提高建筑的保温性能;采用高隔热性能玻璃窗户,减少热性传递。

(3)建筑结构——轻质高效

采用轻质高载结构型式,减少材料使用量,提高结构的轻量化和高效性;采用轻型结构材料,减少建筑物自重,降低基础负荷和能源消耗;采用轻型结构或预制构件,减少施工过程中的能源消耗和碳排放。

(4)建筑施工——提效减废

采用模块化和预制技术,减少现场施工产生的废料和污染;实施精细管理,减少施工过程中的能源和材料浪费;使用清洁能源施工设备;采用节能、低碳的施工工艺和设备,减少施工过程中的能源消耗和碳排放;减少建筑施工过程中的废弃物和污染,提高资源利用率。

通过这些措施,可以有效地推动建筑行业的低碳转型,为实现国家的碳达峰和碳中和目标作出贡献。

小 结

本章主要介绍了低碳、低碳建筑和低碳建造等基本概念；区分了低碳建筑、生态建筑、绿色建筑、节能建筑、可持续建筑等相似概念；阐释了低碳建筑的内涵、特征与发展意义；解析了建筑的过程并给出了低碳建造的具体措施。通过这些措施的应用，可以实现低碳建筑可持续发展的建筑理念。本章全面阐述了低碳建造的重要性和复杂性，为我们提供了一个全面的视角。通过本章学习，读者可以了解低碳建造不仅是技术上的革新，更是对现有建筑实践的全面反思和改进。面对全球气候变化的严峻挑战，低碳建造是实现可持续发展的关键途径之一。通过政策引导、技术创新和市场推动，低碳建造有望在未来建筑行业中发挥更大的作用，为建设一个更加绿色、环保的世界贡献力量。

思考题

1. 低碳建造的基本定义是什么？为什么在当今世界推广低碳建造至关重要？
2. 低碳建造的概念是如何随着时间发展起来的？简述其历史背景，并讨论这一概念是如何逐渐受到重视的。
3. 当前全球在低碳建造方面存在哪些主要的挑战和机遇？请结合具体案例进行分析。
4. 在低碳建造领域，有哪些创新技术和方法被广泛采用？它们是如何实现减少建筑过程中的碳排放？
5. 展望未来，你认为低碳建造将如何进一步发展？请提出可能的发展趋势，并讨论这些趋势对建筑行业和环境可能产生的影响。

推荐阅读书目

低碳建筑.陈易等.同济大学出版社，2015.
低碳建筑论.鲍健强，叶瑞克等.中国环境出版社，2015.
建筑领域低碳发展技术路线图.吴玉杰.中国建筑工业出版社，2022.
建筑碳排放计算.吴刚，欧晓星，李德智等.中国建筑工业出版社，2024.

第 2 章
低碳建筑材料

本章提要

本章主要介绍了低碳建筑材料的发展、分类、功能和应用；展示了一部分低碳结构材料和非结构材料，分析了它们的低碳优势和应用场景；同时，介绍了多个低碳建筑材料的应用案例。

习近平生态文明思想为推动建筑行业低碳转型提供了重要的理论依据和实践指导。他强调，生态文明建设是关乎中华民族永续发展的根本大计，而绿色发展是实现这一目标的关键路径。在建筑领域，习近平多次指出，资源节约与环境保护并不相互对立，反而是经济发展的重要推动力。他提出"绿水青山就是金山银山"，因此要促进我国建筑业的绿色低碳发展，推动节能减排，减少碳足迹，实现可持续发展。这一思想为建筑材料的低碳转型提供了明确方向，要求我们加大技术创新力度，提升建筑材料生产和使用的效率，同时加快推广绿色建材，推动行业全面向低碳化迈进。

建筑材料生产碳排放一般是建筑隐含碳排放中占比最高的部分，可以占建筑整个生命周期的10%~30%。目前，我国建筑材料以混凝土和钢材为主，两者都是高碳排放材料。有数据表明，2020年，水泥行业碳排放量13.7亿t，占全国总碳排放的13%，紧随其后的是电力和钢铁行业。因此，为实现"双碳"目标，建筑材料的低碳转型势在必行。低碳建材是与一般建材相比，在全生命周期中碳排放明显较少的建材，是建筑材料低碳转型中着重发展的材料。

建筑材料根据使用功能和性能可分为结构材料和非结构材料。结构材料具有较好的力学性能，可用作梁、柱、墙体等结构构件。

低碳结构材料的实现路径包括提高材料生产效率，研发新型低碳材料，提高材料性能，建材的循环再利用等。针对混凝土材料的高碳排放，目前已经研发出多种低碳混凝土，包括再生混凝土、碳捕集混凝土、汉麻混凝土、超高性能混凝土（UHPC）、地质聚合物混凝土和自愈合混凝土等。低碳排放钢材可以通过废料炼钢、改进炼钢工艺、碳捕集利用与封存（CCUS）、采用高性能钢材、自愈合技术等实现。低碳砌体材料包括再生砖、固碳混凝土砌块、混凝土加气块、细菌砖等。而木竹材作为生物质材料，在材料生长过程中具有碳汇作用，是一种绿色环保的低碳材料。

非结构材料的种类较多，选择替代性强，因此在低碳目标下产生了众多新兴材料。传统保温隔热材料包括矿棉和玻璃棉等无机材料，以及聚苯乙烯和聚氨酯等有机材料，通常碳排放因子都较大，因此，产生了生物质隔热材料、再生纤维隔热材料、生物基发泡塑料隔热材料等低碳保温材料。相似地，防水材料也产生了诸如生物基防水材料、再生防水材料、可降解防水材料、无机纳米抗裂抗渗剂等低碳材料。建筑装饰材料种类较多，包括不同功能部位使用的材料，如外墙材料、内墙材料、地面材料等，因此，也就产生了众多低碳装饰材料，可分为天然装饰材料、生物基装饰材料、再生装饰材料等。

为实现低碳目标，在建筑材料选用时，应选择可再生、可循环的材料，也可采用生物基材料、高新能材料，同时减少材料用量，以尽量满足3R（reducing, reusing, recycling）原则。此外，还应积极探索和尝试新型低碳建筑材料，寻找低碳建造的新路径。

2.1 低碳材料概述

当前，我国建筑材料产业碳排放量较高，可达到主要工业碳排放的35%左右，其中水泥产业占建材行业的碳排放量达到80%。此外，建筑材料生产资源消耗大、对环境影响严重、会产生大量废弃物，因此，对绿色低碳建筑材料需求迫切。2022年3月，住房和城乡建设部印发《"十四五"建筑节能与绿色建筑发展规划》明确，到2025年，城镇新建建筑全面建成绿色建筑，基本形成绿色、低碳、循环的建设发展方式。在促进绿色建材推广应用方面，要加大绿色建材产品和关键技术研发投入，显著提高城镇新建建筑中绿色建材应用比例，推广新型功能环保建材产品与配套应用技术。

低碳建材的应用，可以减少建材生产的能源消耗与碳排放，提高资源的利用效率。此外，借助建材的低碳转型，还可以促进建材产业技术创新，促进绿色经济发展，带动建筑业的转型升级。2024年1月，工业和信息化部等十部门联合发布《绿色建材产业高质量发展实施方案》，指出建材行业是能源消耗和碳排放的重点行业，背负着节能降碳的重担，只有强化绿色低碳导向，推进生产过程绿色化、智能化、协同化转型，才能筑牢产业链高质量发展根基。

当前，推广低碳建筑材料还面临着造价高、技术不稳定、供应链不完善等问题。部分低碳建材由于生产工艺的复杂性，导致市场价格相对较高，同时，维护和修复成本也可能较高。在技术方面，有些材料的研发和生产工艺尚未完全成熟，性能和质量不稳定，影响了市场信誉度和接受度。此外，供应链不完善导致市场上低碳建材种类和数量受限，无法满足大规模建设需求。

2.1.1　建筑材料对环境的影响

建筑材料在生产、加工、运输、建造和废弃过程中都会消耗大量能源，从而产生碳排放。这不仅包括生产过程中的能源消耗，还涉及原材料的开采、运输过程中的燃料消耗、施工现场的能源使用以及建筑物寿命结束后的废弃和处理过程。各个环节的碳足迹累积，导致建筑材料对环境的影响显著，根据统计，建筑材料生产过程中的能源消耗和碳排放占到了全球总量的近40%（叶堃晖，2017）。

建筑材料的生产不仅产生大量碳排放，还对资源和能源的消耗量巨大。作为典型的资源和能源消耗型行业，我国建筑材料行业的资源和能源消耗总量位居各工业行业前列。建材生产过程需要大量的原材料，如矿物、石油和木材等，这些资源的开采和加工会导致自然资源的快速消耗。建材生产过程中的能源消耗同样巨大，从开采、运输到加工的每个环节都需要大量的电力和燃料，进一步加剧了环境负担。

此外，建筑材料生产、使用和拆除过程中都可能会产生废弃物，从而造成资源浪费和环境污染。在生产环节中矿物开采和材料制造会产生大量废料，在施工和装修过程中则会产生建筑碎片、包装材料及有害废物，拆除建筑时更会产生混凝土、钢铁和砖瓦等建筑垃圾。目前，我国建筑垃圾占固体废弃物垃圾总量的40%，是固体废物的第一大来源。这些废弃物如果处理不当，不仅消耗大量不可再生的天然资源，还会对空气、水体和土壤造成污染。

为降低碳排放、减少资源浪费和环境污染，推广使用低碳材料势在必行。

2.1.2　采用低碳材料的意义

低碳建材的应用不仅能够显著减少建材生产中的能源消耗和碳排放，还能有效提高资源的利用效率。在生产阶段，低碳材料可以通过采用可再生资源或回收材料，并通过改进生产工艺以减少能源使用和碳排放。在运输阶段，选择本地生产的环保材料可以显著缩短运输距离，减少燃料消耗和相应的碳排放，进一步降低整体环境影响。施工过程中，低碳建材往往具有较高的能效和耐久性，减少了资源浪费和维护施工。在废弃阶段，低碳材料易于回收和再利用，降低了垃圾处理的能源消耗和污染排放。

低碳建筑材料设计倡导合理利用自然资源，采用可再生、可循环利用的材料，减少对自然资源的开发和消耗。低碳材料在全生命周期内，从生产到废弃，都尽量减少对环境的负面影响。例如，竹子、木材等可再生资源不仅可以快速生长，还能通过有效的管理实现可持续供应。再生钢铁和再生混凝土等循环利用材料，在建筑拆除后可以再次投入使用，降低对新材料的需求。

低碳建筑材料还可以通过循环利用，降低废弃物产生，减少资源浪费，提高资源利用效率。低碳建材通过模块化和可拆卸的设计方式，确保在建筑物的使用寿命结束后，材料能够有效拆解和回收。例如，预制混凝土构件可以在建筑拆除后重新利用，大大减少建筑垃圾。

此外，通过推动建材的低碳转型，还可以促进建材产业的技术创新，推动绿色经济发展。低碳建筑材料在追求绿色环保的同时，关注建筑物的耐久性、节能性、舒适性等性能，需要进行多方面的技术创新。例如，高性能混凝土和耐腐蚀钢材的使用，可以延长建筑物的寿命，同时减少维护成本和环境负担。低碳目标的实现可以促进材料科学的进步，如纳米技术和新型复合材料的应用，可以显著提升建筑材料的性能。

低碳建筑材料有助于推动建筑业向绿色发展迈进，创造新的经济增长点和发展机会。新型环保材料的研发和生产，以及相关技术的应用和推广，都能够创造新的市场机会和商业模式。这种创新不仅能够满足国内市场的需求，还有助于开拓国际市场，提升企业的竞争力和影响力。

总之，通过广泛应用低碳建筑材料，可以显著减少建筑物的碳排放，降低能源消耗，从而推动建筑行业朝着更加绿色和可持续的方向发展。

2.1.3　推广低碳材料面临的问题

推广低碳建筑材料仍面临诸多挑战，包括高造价、技术不稳定、供应链不完善等问题。一些材料的回收再利用需要经过复杂的工序，因而增加了额外的人力、物力和时间成本，使得其成本高于生产新材料的成本。例如，再生混凝土的价格是每立方米约400元，这与普通混凝土价格几乎相当，并没有特别的优势。同样，根据亚洲单线产能最大的再生塑料生产企业实际调研发现，聚对苯二甲酸乙二醇酯（PET）塑料再生成本约为9000元/t，现阶段与使用原生材料相比缺乏成本优势。

同时，推广低碳建筑材料还面临着技术挑战。混凝土的回收再利用涉及拆除、破碎、筛选和清洗等复杂工序，这些都影响再生混凝土的强度和性能。砖的再利用需要进行分类、清洗和再生处理，石材的回收则需要精细的拆卸、分类、切割和研磨等步骤。尽管钢材的回收技术相对成熟，但相关技术和设备尚未普及。

低碳材料供应链的不完善导致市场上低碳建材种类和数量有限，难以满足大规模建设的需求。低碳材料的研发和生产技术尚未完全成熟，许多新型环保材料仍处于试验和小规模生产阶段，导致市场供应不足。而且，低碳材料的生产工艺复杂，需要特殊设备和技术支持，这进一步限制了其大规模生产和推广。此外，低碳建筑材料较高的价格也影响其市场普及率。由此可见，低碳建筑材料还有待进一步发展和推广。

2.2　建筑材料分类

建筑材料根据使用功能和性能可分为结构材料和非结构材料。结构材料具备优良的力学性能，如强度和韧性，适用于梁、柱、墙体等结构构件，主要的结构材料包括混凝土、钢材、砌体材料和木竹材等（图2-1）。非结构材料则用于非承重结构构件，

图 2-1 建筑结构材料（混凝土、钢材、砌体材料和木材）（引自 wikimedia，pexels，rawpixel 网站）

如填充墙、装饰吊顶和管线等。非结构材料根据功能可分为保温隔热材料、吸声材料、防水材料、装饰材料、管线材料和胶黏材料等。

2.2.1　结构材料

建筑结构材料是指用于承受和传递建筑物荷载的材料，它们在建筑物中起到至关重要的支撑和承重作用。这些材料主要用于建筑的柱梁、墙体、楼板、基础等关键结构部分，确保建筑物能够安全、稳定地承载各种外部和内部荷载。结构材料的选择直接影响建筑的安全性、耐久性和使用寿命，因此在建筑设计和施工过程中，对这些材料的选择和使用必须十分谨慎。

混凝土是由胶凝材料、骨料和水按适当比例混合后，经过一定时间硬化而成的一种复合材料（曹纬浚，2021）。混凝土具有较高的硬度和抗压强度，坚固耐用，且原料来源广泛，制作方法简单，成本低廉。混凝土的可塑性强，适用于各种自然环境，是世界上使用量最大的土木工程和建筑材料，广泛应用于各类建筑的基础和墙体等结构部分。

钢筋混凝土是在混凝土中加入钢筋，使其不仅保有混凝土的抗压性能，还增加了钢材的抗拉性能。这种结合大大提高了材料的整体强度和韧性，使其适用于承受较大荷载和跨度较大的结构部位。通过将两种材料的优势结合，钢筋混凝土成为现代建筑工程中不可或缺的重要材料，确保了建筑物的安全性和耐久性。

钢材是一种由铁与其他元素结合而成的合金，其中最常见的元素是碳，通常占钢材重量的0.02%~2.0%（曹纬浚，2021）。建筑钢材是指在建筑工程中使用的各种钢质板、管、型材，以及在钢筋混凝土中使用的钢筋、钢丝等。钢材具有较高的强度和韧性，能够承受高强度的拉伸和压力，适用于各类建筑结构。此外，钢材易于加工和成型，具有较高的可回收性和循环性。

砌体材料是用于砌体结构的砖、石和砌块的总称。而砌体结构是指承重构件，是由各种块材和砂浆砌筑而成的结构。砌体结构虽然工程造价比较节省，但结构自重大、强度较低、整体性能差、抗震性能差，建筑平面布局及层数都受到限制。现在砌体材料以砖材和砌块为主，均可分为烧结类和非烧结类。砖材包括烧结普通砖、烧结多孔砖、烧结空心砖、蒸压砖等，砌块包括多孔砌块、空心砌块、混凝土砌块、加气混凝土砌块、轻骨料混凝土砌块、粉煤灰砌块等（曹纬浚，2021）。

木材是一种广泛应用于住宅、桥梁、家具及装饰等领域的传统建筑材料，其天然环保的特性使其在现代建筑中依然占据重要地位。木材重量轻、强度高，有较高的比强度，且易于加工制造。木材还具有良好的隔热和调湿性能，能调节室内气候，提供舒适的居住环境。木材作为可再生资源，通过合理的森林管理，能够有效实现可持续利用。常用建筑木材包括软木材（如松木、杉木）和硬木材（如橡木、胡桃木），按照加工程度可分为原条、原木、锯材和工程木。尽管木材面临易燃、易腐和虫害等问题，但通过现代防火、防腐处理和复合木材制造技术，可以克服这些缺点，提升木材的耐久性和安全性。

2.2.2 非结构材料

非结构材料是指在建筑物中不承担主要承重功能，但在其他方面起到重要作用的材料。它们通常用于建筑物的内部和外部装饰、隔热、隔音、防水等功能，提升建筑的舒适度和性能（图2-2）。

图 2-2　建筑非结构材料（保温隔热材料、防水材料、装饰材料、管线材料）

（引自 wikimedia，pickpik 网站）

①保温隔热材料　是用于减少建筑物热量损失或热量增益的材料，提升室内热舒适性和能源效率，通常应用于墙体、屋顶和地板的保温隔热（张季超，2014）。导热系数是评定材料导热性能的重要指标，导热系数越小，说明材料越不容易导热，通常把导热系数小于 0.23W/（m·K）的材料称为绝热材料（曹纬浚，2021）。绝热材料按其化学成分可分为无机绝热材料与有机绝热材料2类。有机绝热材料绝热性能好，但耐火性、耐热性较差，易腐朽；无机绝热材料耐热性好，但是吸水性大。按照材料形态，绝热材料可分为纤维材料、粒状材料及多孔材料3类。常用保温隔热材料包括玻璃棉、岩棉、聚苯乙烯板（EPS）、挤塑聚苯板（XPS）和聚氨酯泡沫（PU）等。

②吸声材料　是用于减少室内声音反射和噪声干扰的材料，提升音质和声环境质量。这类材料通常应用于剧院、音乐厅、录音室、办公室和住宅等需要良好声学环境的场所。常见的吸声材料包括吸音棉、吸音板和穿孔板等。它们通过多孔结构和特定的材质，吸收声波的能量，减少回声和混响，从而改善室内的声学效果。

③防水材料　是建筑工程上不可缺少的主要建筑材料之一，用于防止水分渗透和泄漏，保护建筑结构和室内环境，广泛应用于屋顶、外墙、地下室、卫生间等易受水侵害的部位。常见的防水材料包括防水卷材、防水涂料、密封胶等，可分为沥青基防水材料、高聚物改性沥青基防水材料，以及合成高分子防水材料。有效的防水处理能

延长建筑物的使用寿命,防止结构性损坏和室内环境问题,是现代建筑施工中不可或缺的部分。

④**装饰材料** 是铺设或涂刷在建筑物表面,起装饰效果的材料。它对主体结构材料起保护作用,还可补充主体结构材料某些功能上的不足,如调节湿度、吸声等功能。对于室外装饰材料,应选择耐侵蚀、不易褪色、不易沾污和不泛霜的材料。对于室内装饰,应优先选用环保型和不燃或难燃材料。装饰材料按材质可分为无机装饰材料、有机装饰材料和复合材料,按材料在建筑物中的装饰部位可分为外墙材料、内墙材料、地面材料、顶棚材料和屋面材料等。在选用装饰材料时,应考虑颜色、光泽、透明度、表面质感、形状尺寸及立体造型等因素,此外,还应考虑材料的物理、化学和力学性能,如强度、耐水性、耐火性和耐磨性等。常见的装饰材料包括瓷砖、大理石、木地板、墙纸、涂料和装饰面板等,这些材料大多具有多样的颜色、纹理和图案。

此外,建筑中还有一些其他材料,如建筑管道材料、建筑电气材料、建筑胶黏材料等。建筑管道材料是用于建筑物内外的水、电、气等输送系统,确保其正常运作的材料。这些材料包括塑料管(如PVC、PP、PE管)、金属管(如钢管、铜管、不锈钢管)和复合管(如铝塑复合管)。建筑电气材料包括用于电力传输和分配的各种材料和设备,如电线电缆、开关、插座、配电箱和接线盒等。建筑胶黏材料是用于连接和固定各种建筑构件的黏合剂,需具有良好的粘接强度和耐久性。建筑胶广泛应用于内外墙面、地板和装饰板的粘接,密封胶则用于填充缝隙、防止水气渗透,结构胶常用于承重结构和玻璃幕墙的粘接,瓷砖胶则用于粘贴瓷砖和石材。

随着科技的发展,新型建筑材料不断涌现,极大地推动了建筑行业的进步和革新。这些新型材料不仅在性能上优于传统材料,还在低碳、环保、可持续性等方面表现出色,如气凝胶、碳纤维、菌丝体材料等。

2.3 低碳结构材料

低碳结构材料是指在生产、使用和回收过程中,碳排放量较低的建筑结构材料。这些材料有助于降低建筑物的整体碳足迹,推动建筑行业向可持续发展方向。实现低碳结构材料的路径包括提高生产效率、研发新型低碳材料、提升材料性能以及促进建材的循环再利用等。低碳结构材料包括生物质建筑材料、高性能建筑材料和智能建筑材料等。

针对混凝土材料的高碳排放问题,目前已研发出多种低碳混凝土,如再生混凝土、碳捕集混凝土、汉麻混凝土、超高性能混凝土(UHPC)、地质聚合物混凝土和自愈合混凝土等。低碳排放钢材可以通过废料炼钢、改进炼钢工艺、碳捕集利用与封存(CCUS)、采用高性能钢材、自愈合技术等实现。低碳砌体材料包括再生砖、固碳混凝土砌块、加气混凝土块和细菌砖等。此外,木材和竹材作为生物质材料,其在生长过程中具有碳汇作用,天然是一种绿色环保的低碳材料。

2.3.1 混凝土

2.3.1.1 再生混凝土

再生混凝土（recycled concrete）是再生骨料混凝土的简称，是指将废弃的混凝土块经过破碎、清洗、分级后，按一定级配混合，部分或全部代替砂石等天然集料，再加入水泥、水等配成的新混凝土（王信刚 等，2023）。再生骨料混凝土技术通过对废弃混凝土的再加工，使其恢复原有性能并形成新的建材产品，从而实现资源的再利用，同时解决低碳环保问题。美国、日本和欧洲等发达国家较早开展了对废弃混凝土再利用的研究，主要集中在再生骨料和再生混凝土基本性能的研究上，并已成功应用于路面和建筑结构物的实际工程中。

再生混凝土在强度、耐久性和抗压性能上与传统混凝土相近，但可能需要通过优化配比和添加剂的使用来弥补再生骨料本身的劣势。现代技术的发展使得再生混凝土的性能逐步提升，能够满足大部分工程的需求。例如，通过使用高效减水剂和增强剂，可以提高再生混凝土的工作性能和耐久性，使其在更多建筑场景中得到应用。

美国洛杉矶Cherokee混合住宅（图2-3）由Brooks+Scarpa建筑事务所设计，是一座获得能源与环境设计先锋（LEED）白金认证的建筑，也是南加州第一座获得LEED白金认证的混合用途多户型建筑。Cherokee混合住宅主要材料均采用再生材料，地毯含25%的回收材料，再生石膏板含31%的再生材料，混凝土含至少25%的粉煤灰，建筑隔热材料含至少20%的再生玻璃碎片且不含甲醛。Cherokee混合住宅的设计尽可能地让混凝土板暴露在外，外墙灰泥饰面采用整体颜料代替油漆饰面。外墙金属屏风采用阳极氧化处理的铝材，无须油漆或重新修整。室内地板饰面为裸露混凝土板或FSC认证木材，需要涂漆的地方指定使用高质量的底漆和油漆系统，所选涂料均不含挥发性有机化合物（VOC）。

图 2-3　美国洛杉矶 Cherokee 混合住宅，2009（引自 wikimedia 网站）

2.3.1.2 碳捕集混凝土

碳捕集混凝土（carbon capture concrete）是一种新兴的低碳建材，通过在混凝土的生产过程中捕集并封存（CCS）二氧化碳，以减少碳排放量。这项技术不仅在制造过程中有效降低了温室气体排放，还能利用封存的二氧化碳提高混凝土的性能。

碳捕集混凝土的核心技术在于将工业排放的二氧化碳捕集并注入混凝土当中。这些二氧化碳与混凝土中的钙离子反应生成碳酸钙，从而被永久封存于混凝土内部。此外，某些碳捕集剂可以从工业废物中提取，有助于实现资源的循环利用。

碳捕集混凝土在强度和耐久性方面表现优异。碳酸钙的生成反应提高了混凝土的致密性，从而增强了其抗压强度和耐久性。此外，这种混凝土的抗冻融性和抗腐蚀性能也得到改善，延长了建筑物的使用寿命。

亚马逊位于美国阿灵顿的第二总部HQ2（图2-4）采用碳捕集混凝土进行建造，这种创新技术通过使用捕获的二氧化碳来固化普通水泥，不仅减少了生产混凝土所需的水泥量，还能显著降低碳排放。据加拿大初创企业的数据显示，目前已有超过800万m^3的混凝土采用该公司的技术生产，相当于数千栋建筑的混凝土使用量。亚马逊第二总部HQ2有望通过碳捕集混凝土减少整体建筑物15%的碳排放。

图 2-4　美国阿灵顿亚马逊第二总部 HQ2（引自 youtube 网站）

2.3.1.3 汉麻混凝土

汉麻混凝土（hempcrete）是一种新型的环保建筑材料，由生物纤维（如亚麻、大麻）、石灰和水等组成。这种混凝土不仅在制作过程中具有较低的碳排放，还具有优异的隔热、隔音和调湿性能，已应用于绿色建筑领域。汉麻混凝土不像普通混凝土那样易裂，因此不需要伸缩缝，但汉麻混凝土机械性能较低，特别是抗压强度。

大麻在生长过程中能够吸收大量的二氧化碳，具有碳汇作用。而且工业大麻的种植周期短、产量高，可再生性强。此外，工业大麻还具有纤维韧性好、强度高、内部含有孔隙等特点,在降低建筑材料成本的同时,还保证了其耐用性、保温性和隔音性。

目前,使用两种主要的施工技术来实施汉麻混凝土。第一种技术是使用模板在施工现场直接浇注或喷涂汉麻混凝土,第二种技术是类似于砌体施工的堆叠砖块。汉麻混凝土主要用于建筑的墙体。

位于伦敦的Polyvalent Studio(图2-5)由Practice建筑事务所和伦敦都会大学建筑学院的学生设计,仅用12天建成,是低能耗设计的典范。该建筑实际上是碳负性的,主要结构都采用生物质建材。建筑墙体采用现场浇筑的汉麻混凝土,结合云杉木结构,墙体外表面由大麻纤维生物树脂波纹板覆盖。

图 2-5　伦敦 Polyvalent Studio,2019(引自 flickr 网站)

2.3.1.4　超高性能混凝土

超高性能混凝土(ultra-high performance concrete,UHPC)是一种先进混凝土材料,因其卓越的力学性能和耐久性而受到广泛关注(王信刚 等,2023)。超高性能混凝土的特点包括高强度、高韧性和优异的耐久性,使其在高性能需要的工程项目中具有显著优势。与普通混凝土相比,超高性能混凝土以耐久性作为设计的主要指标之一,针对不同的用途要求,要保证耐久性、工作性、适用性、强度、体积稳定性和经济性。

超高性能混凝土通过优化配合比和使用高性能原材料制成,其抗压强度通常超过150MPa,有时甚至超过200MPa。其主要成分包括高强度水泥、微硅粉、石英砂、钢纤维、水和超塑化剂。超高性能混凝土通常采用超细矿物掺合料和高效减水剂,以减少孔隙率和提高密实度。

超高性能混凝土尽管在生产过程中需要高质量的原材料和一定的能源消耗,但其卓越的耐久性和长寿命可以减少维护和更换频率,从而在生命周期内降低环境负担。此外,超高性能混凝土的高强度性能使得在某些结构中可以减少材料用量,从而间接降低资源消耗。

德国克雷菲尔德的Volksbank（图2-6）由Gerber建筑事务所设计。建筑立面是由950块Dyckerhoff白水泥制成超高性能混凝土的预制板组成，总共2000m²。立面的主要构件高3m，宽1.2m，薄仅4cm，窗户中的壁柱条宽12.5cm。

图2-6　德国克雷菲尔德Volksbank的超高性能混凝土立面及构件生产，2015（引自wikimedia网站）

2.3.1.5　地质聚合物混凝土

地质聚合物混凝土（geopolymer concrete）是一种新型环保混凝土，由无机矿物原料（如粉煤灰、矿渣）和碱性活化剂在特定条件下聚合形成（王信刚，邹府兵，2023）。与传统混凝土相比，地质聚合混凝土具有显著的环境和性能优势，并具有优良的力学性能、耐久性，是未来建筑材料发展的方向之一。

普通硅酸盐水泥在生产过程中会产生大量的碳排放，其生产碳排放因子是735kgCO_2/t，而每吨地质聚合物水泥制备过程中碳排放量为180kg，仅为普通硅酸水泥的1/4。地质聚合物以天然材料和废弃物为主要原料，具有耐火、耐化学腐蚀、机械强度高、耐久性好的优点。自20世纪80年代初以来，由于其低二氧化碳排放和卓越的性能，地质聚合物材料一直被视为普通硅酸盐水泥的替代品。

图2-7　澳大利亚昆士兰大学全球变化研究所，2012（引自wikimedia网站）

澳大利亚昆士兰大学全球变化研究所（图2-7）是大学校园生态型建设的典范，建筑共4层，3865m²。设计目标为高星级绿色评估认证，达成零碳排放、零能源消耗和零废物污染的目标。建筑利用自然通风，并采用太阳能发电，多余的电力将输送回澳大利亚国家电网。昆士兰大学全球变化研究所也是澳大利亚首次使用地质聚合物混凝土，这座建筑中约有15%的结构部分采用了地质聚合物混凝土，包括地基、柱子和墙体等主要结构，使整体建筑碳排放减少了74t。

2.3.1.6　自愈合混凝土

自愈合混凝土（self-healing concrete）是一种先进的建筑材料，具有在发生微裂缝时自动修复的能力（图2-8）。其主要原理是利用微生物、化学剂或纳米材料等技术来实现损伤后的自我修复，从而恢复混凝土的完整性和耐久性。这种技术不仅有助于延长混凝土结构的使用寿命，还能减少维护和修复成本，因此在现代建筑工程中具有重要的应用前景和绿色低碳意义。

图 2-8　自愈合混凝土（引自 flickr 网站）

混凝土作为一种脆性的复合胶凝材料，其结构在受力或其他因素作用下会出现损伤并产生微裂缝。微裂缝的出现为腐蚀性物质提供了有效的渗透路径，这会引起混凝土内部钢筋的腐蚀，还会使混凝土发生降解。自愈合混凝土能主动、自动地对损伤部位进行修复，恢复提高混凝土材料的各项性能。

混凝土自愈合技术主要分为两种类型：自主愈合和自生愈合。自主愈合技术通过添加中修复型微胶囊、微生物空纤维管等材料，借助外部组分或结构来修复基体裂缝。而自生愈合则利用水泥基体中固有或常有的组分，依靠内部自身再次水化或活性反应，实现裂缝的自动修复。

2024年，上海宝冶创新工作室在故宫博物院北院区项目中，使用了低碳长寿命自愈合混凝土。该混凝土由北京金隅混凝土公司与上海宝冶创新工作室共同研发，能实现裂缝自愈合，力争实现故宫北院区百年设计使用要求。该混凝土中掺加了结晶活性材料，在有裂缝后能够发生化学反应形成晶体，从而填满裂缝，可以提高混凝土后期的致密性与防水性能。

2.3.2　钢材

2.3.2.1　再生钢材

再生钢材是通过回收和再加工废旧钢铁制品生产的钢材。与传统的钢材生产方法相比，再生钢材具有低碳环保和经济优势。再生钢材的生产首先对回收的废旧钢铁进行分类、清洗和剪切，以去除杂质和污染物，然后将处理过的废旧钢铁放入电弧炉中进行熔炼，加入适量的合金元素调节成分。因为再生钢材是通过在电弧炉中将废钢和其他废金属熔炼成的新钢,相较于传统的高炉生产方法,电弧炉生产钢材能够显著降低能耗和碳排放。

尽管再生钢材具有诸多优势,但在推广应用过程中仍面临质量控制和技术升级的挑战。废旧钢铁的质量和处理工艺直接影响再生钢材的质量,因此需要严格的质量控制措施。2020年12月国家发布《再生钢铁原料》(GB/T 39733—2020)标准,严格规定了再生钢铁原料的分类、技术要求、检验方法、验收规则、运输和质量证明。该标准的发布实施对于促进钢铁行业节能减排、绿色发展、有效利用资源等方面发挥积极作用。

伦敦体育场(图2-9)是2012年奥运会的主体育场,运动场大小为105m×68m,可容纳8万名观众。体育场通过结构优化设计仅用了逾1万t钢材,为相同规模体育场的1/4左右,成为有史以来"最轻"的体育场。除了钢材用量最少外,该体育场还在其压缩桁架中使用了北海天然气管道项目完工后剩余的管道钢材。此外,项目中还使用了再生花岗岩等材料。

图 2-9 伦敦体育场,2012(引自 wikimedia 网站)

2.3.2.2 高性能钢材

高性能钢材(high performance steel,HSP)是指在特定应用条件下具有优异物理、机械和化学性能的钢材(王信刚 等,2023)。与传统钢材相比,高性能钢材在强度、韧性、耐腐蚀性、耐磨性等方面表现更为出色,能够满足现代工程对材料性能的更高要求。

高性能钢材具有更高的强度和韧性,这使得在设计工程结构时,可以使用更少的材料来承受相同的载荷。减轻结构重量不仅降低了材料的使用量,还减少了运输和安装过程中所需的能源,从而整体上减少碳排放。此外,高性能钢材的耐腐蚀性和耐磨性显著提高,使得其在恶劣环境下的使用寿命更长。这样减少了频繁更换和维修的需求,节约了资源和能源,降低了全生命周期内的碳足迹。

高性能钢材包括耐候钢、耐火钢、耐蚀钢等。耐候钢,又称耐大气腐蚀钢,是通过添加少量合金元素(如铜、铬、镍等)提高钢材在大气环境中的耐腐蚀性能,其耐候性为普碳钢的2~8倍。耐候钢同时具有优质钢的强韧、塑延、成型、焊割、磨蚀高温、抗疲劳等特性。

耐火钢是一种在高温环境下仍能保持良好机械性能的钢材,其在600℃时钢材的屈服强度不小于常温屈服强度的2/3。这类钢材通过调整化学成分和微观结构,提高了高温下的强度、抗蠕变性和抗氧化性。耐火钢是在生产过程中加入铝、镍、锰等稀有金属使其合金化,不仅提高了结构的抗火性能和抗震性能,还减轻了建筑自重,降低了成本。

耐蚀钢是指在腐蚀性介质中具有优良耐腐蚀性能的钢材(鲍健强,叶瑞克,2015)。通过在钢中加入铬、镍、钼等合金元素,耐蚀钢形成了一层保护性的钝化膜,防止腐蚀介质的侵入。耐蚀钢具有耐锈、免涂装、减薄降耗、省工节能等特点,广泛应用于钢结构装配式建筑、耐蚀地螺钉、外墙装饰装修、厂房式标准实验室和可移动集装箱等。

如图2-10所示,美国艾奥瓦州联邦公路管理局(FHWA)在高速公路项目(Highways for LIFE)中,采用了高性能钢材作为连续焊接板组合梁,该项目是美国交通部桥梁重建项目的一部分。特殊的低合金钢材比传统钢材具有更好的耐腐蚀性和更高的断裂韧性,这些组合梁使用寿命更长,维护工作量更少。

图 2-10　高性能钢材用于桥梁建设(引自 wikimedia 网站)

2.3.2.3　自愈合钢材

自愈合金属是一种能够在受到损伤后自动修复其内部结构或表面的创新材料(王信刚,邹府兵,2023)。这类金属通过引入特定的自愈合机制,在不需要外部干预的情况下,可以有效地恢复其性能和完整性,从而延长使用寿命并提高安全性。

自愈合金属通常通过两种主要机制实现自愈：微胶囊和形状记忆合金。微胶囊在金属基体中嵌入包含修复剂的微胶囊。当金属发生裂纹或损伤时，微胶囊破裂，释放出修复剂，填补裂缝并固化，恢复材料的完整性。形状记忆合金利用形状记忆效应，金属在受到损伤后，通过加热等外部刺激，可以恢复到预设的形状和状态，从而修复损伤部位。

自愈合金属的自我修复功能可以延长产品的使用寿命，减少生产和制造过程中的能源消耗和碳排放，从而降低碳足迹。

2.3.3 砌体材料

2.3.3.1 再生砖

再生砖是一种利用建筑废弃物制成的环保建材，通过回收和再利用建筑固体废弃物或工业废弃物等，经过加工处理和再生而制造成，实现资源的高效循环利用。再生砖不仅具有传统砖材的基本性能，还具有显著的环保优势。

通常再生砖是通过碎石、建筑混凝土、砖块等固体废弃物进行加工制造的。再生砖生产首先需要对收集的建筑废弃物进行破碎和筛选，得到一定粒径的再生骨料，然后将再生骨料与水泥、砂等原材料按一定比例混合，随后将混合物倒入模具中压制成型。

再生砖利用建筑废弃物作为原材料，实现了废弃资源的循环再利用，减少了对天然资源的消耗。再生砖的生产过程相比传统砖材更加节能，减少了生产过程中的碳排放量，具有较低的碳足迹。

王澍设计的宁波博物馆形态以山、水、海洋为设计理念，以民间收集的明清砖瓦组成瓦爿墙和毛竹铸成混凝土墙作装饰，突出江南民居的特色（图2-11）。瓦爿墙是使用数十种砖瓦混砌筑的墙体，曾在宁波地区广泛使用，但随着时代变迁已逐渐停用。

图 2-11　宁波博物馆，2008（引自 wikimedia 网站）

为此，施工方收集了周边大量的旧砖瓦，包含青砖、龙骨砖、瓦片、缸片等，其中不少为明清砖瓦，并在墙面上形成抽象的图样。

2.3.3.2　固碳混凝土砌块

固碳混凝土砌块是一种将二氧化碳封存于混凝土中的环保建材。其生产过程结合了传统混凝土制造和碳封存技术。在混凝土混合物硬化过程中，注入二氧化碳使其与水泥中的碱性成分发生化学反应，形成碳酸钙和碳酸镁等化合物，并封存在混凝土内部。这一过程不仅增强了砌块的强度和耐久性，还实现了二氧化碳的永久封存。

目前，国内已有相关的固碳混凝土试点企业生产这种新型建材。在不降低混凝土质量的情况下，固碳混凝土能够减少30%的水泥用量，实现固废的循环利用。同时，将捕集的废弃二氧化碳高效利用于混凝土的制造流程中，以二氧化碳气源替代传统的高能耗高排放的蒸汽，减少了混凝土全生命周期内近80%的碳排放。

香港有机资源回收中心二期工程（O·PARK2）是由香港环保署主导、中国建筑国际集团承建的香港目前规模最大的厨余回收中心。该项目于2019年启动，预计2024年完工并投入使用。在项目建设中，广泛应用了固碳混凝土和低碳排放钢材，显著减少了施工中的碳排放，为香港的低碳建筑措施提供了宝贵经验，树立了良好典范。

2.3.3.3　混凝土加气块

混凝土加气块是一种轻质、高性能的建筑材料，广泛应用于建筑墙体、隔墙等结构中（图2-12）（龙恩深 等，2017）。其生产工艺通过将水泥、石灰、砂和发泡剂等原材料混合后，经高压蒸汽养护形成多孔结构，使其具有良好的保温、隔热和隔音性能。混凝土加气块可采用废弃物再生材料，如工业废料、废弃混凝土、煤渣等材料制成，又称废弃物再生混凝土加气块。

图 2-12　混凝土加气块建造（引自 wikimedia 网站）

因为混凝土加气块的生产过程可利用工业废料作为原材料,所以可以减少对自然资源的消耗。此外,其多孔结构能够有效阻隔热量传导,具有优异的保温隔热性能,可以提高建筑的能效,减少碳排放,符合现代绿色建筑的环保要求。

混凝土加气块孔隙率可达70%~85%,体积密度一般为300~900kg/m³,是普通混凝土的1/5,黏土砖的1/4。由于材料内部具有大量的气孔和微孔,导热系数为0.11~0.27W/(m·K),是黏土砖的1/5~1/4,厚度为200mm的混凝土加气块墙体的保温效果与490mm的黏土砖墙相当。

2.3.3.4 细菌砖

细菌砖是一种创新的生物建材,通过微生物诱导沉积形成固体结构(图2-13)。制造这种材料只需要将沙子、细菌和其他基础材料放在一起,在温度和湿度适宜的条件下,细菌就可以将沙子和矿物质转化为坚固的砖块。细菌砖的生产过程不需要高温烧制,显著降低了能源消耗和碳排放。

细菌砖不仅具有传统砖块的强度和耐久性,还具有一定的自愈合能力。当砖块表面出现裂缝时,细菌可以再次活化并产生碳酸钙填补裂缝,从而延长砖块的使用寿命。细菌砖的裂缝修补宽度可达1mm,从而防止液体侵蚀。

图 2-13 细菌砖(引自 flickr 网站)

2.3.4 木竹材

2.3.4.1 可持续森林管理木材

可持续森林管理木材是通过科学管理和合理利用森林资源而获得的一类木材。可持续森林管理旨在确保森林提供满足当前和未来需求的产品和服务,并为社区的可持续发展作出贡献。可持续森林管理要求制定科学的采伐计划,合理控制采伐强度和频率，确保森林资源的可持续利用；采用低影响采伐技术，减少对森林生态系统的干扰和破坏；提高木材和非木材林产品的综合利用率，减少浪费，增加附加值。

可持续森林管理木材的生产基于严格的管理标准和认证体系，如森林管理委员会（FSC）和可持续森林倡议（SFI）。这些认证体系确保森林经营者在采伐过程中遵循科学管理原则，避免过度采伐和资源浪费，保护森林生物多样性和生态系统的稳定。

目前，建筑中使用可持续森林管理木材的趋势越来越明显，但并非所有木材都来自可持续管理的森林。许多国家和地区的政府制定了相关法规和政策，鼓励或强制使用可持续管理的木材，例如，欧盟的木材法规（EUTR）禁止在市场上销售非法砍伐的木材。大型公共建筑项目和绿色建筑项目也更倾向于使用可持续森林管理木材，以符合绿色建筑标准，例如，FSC是能源与环境设计先锋建筑评价体系（LEED）和居住建筑挑战（LBC）认可的唯一林产品认证标准。

中林绿碳驿站项目（图2-14）位于北京林业大学内，为一栋低碳近零能耗混合式木结构示范建筑，建筑面积90m^2，其中室内部分面积60m^2，室外部分面积30m^2。项目以绿色低碳为理念融入太阳能光伏发电和新风系统，具有宜居、保温、节能、抗震等优势。建筑充分挖掘木结构国产供应链潜能，促进了我国木结构用材安全，并使用中林自有建材，利用国储林杉木生产胶合木。

图 2-14　北京林业大学中林绿碳驿站项目，2023

2.3.4.2　高性能木材

高性能木材是一种经过特殊处理和加工，以增强其物理和机械性能的木材。高性能木材不仅保留了天然木材的美观和可再生性，还显著提高了其强度、耐久性、耐火性和稳定性等性能。高性能木材利用物理、化学或生物等手段改变了木材成分或结构，从而获得了优于天然木材的性能。

高性能木材包括多种类型，如交叉层压木（CLT）、胶合木（glulam）、压缩木

（compressed wood）等（龙恩深 等，2017）。交叉层压木是一种高强度的工程木材，由多层木板交错叠加胶合而成，具有优异的强度和稳定性，广泛用于大跨度和高层建筑。胶合木由多层木板胶合而成，具有高强度和可塑性，同样适用于大型建筑构件。压缩木通过机械压缩技术，增加木材的密度和强度，适用于需要高硬度和高强度的建筑构件。

另外，高性能木材还包括一些特殊功能的木材，如电磁屏蔽木材和发光木材。电磁屏蔽木材是一种通过改性和复合技术，将天然木材与具有电磁屏蔽性能的材料结合，形成的新型功能材料，拥有优异的电磁屏蔽性能，能够有效阻隔电磁波的传播。木基电磁屏蔽材料的制备方法很多，主要包括表面导电法、纳米材料复合法、填充法和炭化灌注法。发光木材结合了木基复合材料和发光材料的优势，以木材为载体，通过浸渍发光材料制成具有发光特性的功能性木材。发光木材可应用于建筑装饰、家具制造、应急照明等领域，随着科技的发展，发光木材的制备技术不断进步，其发光效率和耐久性逐渐提高，应用范围也在不断扩大。

在北京林业大学中林绿碳驿站项目中（图2-15）使用了中林胶合木结构柱和梁，并在立面采用了单板层积材（LVL）格栅。胶合木作为一种结构工程木产品，由多层规格木材构成，用耐用、防潮的结构胶黏剂黏合在一起，与混凝土和钢材相比具有更高的强重比。

图 2-15　北京林业大学中林绿碳驿站项目中的胶合木和 LVL 使用

2.3.4.3　圆竹

竹材是世界上生长速度最快的植物之一，一些品种每天能生长高达1m。相比传统木材，竹材的采伐周期短，通常3~5年即可成熟。这使得竹材成为一种可持续、环保的材料，有助于减缓森林砍伐和生态破坏。竹子在生长过程中能够有效吸收二氧化碳，起到碳汇的作用。

圆竹建筑因其独特的美学和结构性能，在许多地区尤其是热带和亚热带地区得到了广泛应用。圆竹的天然纤维结构使其具有较高的强度和韧性，适用于建筑框架、柱子、梁等结构部件。由于圆竹的轻质和易加工性，竹建筑的施工过程相对简单，适合快速搭建和拆卸，同时减轻了建筑的整体重量。竹建筑施工不需要大量的重型机械和复杂的工序，使得施工过程更加低碳环保。

由北京林业大学园林学院设计的浙江安吉花海竹廊巧妙利用竹材，既造型独特，又饱含诗意与自然之感（图2-16）。设计发挥原竹柔韧耐弯的优势，屋顶自由轻松的曲面形态与余村绿水青山的优美自然环境完美契合。竹枝交叉处顶部抬高为圆形采光口，打断封闭的屋顶界面，同时让阳光、空气、雨水进入，模糊内外边界。由原竹直接"编织"而成的四边形网格构成复杂的空间曲面网格结构，网格的平均尺寸约为600mm^2。网格的经线在落地前汇聚成集束柱，撑起纵横起伏的顶部，屋顶再以竹梢覆盖。

图 2-16　浙江安吉花海竹廊，2019

2.3.4.4　工程竹

工程竹是一种以天然竹材为原料，经过工业化处理和加工制成的高性能建筑材料，它不仅保留了天然竹材的优点，还克服了某些局限性。它以优异的强度、韧性、耐久性和环保特性，成为建筑行业中备受关注的绿色材料之一。

工程竹材包括胶合竹、重组竹等。胶合竹是将竹片或竹条经过处理后，使用黏合剂层压而成的板材或方材，胶合竹中保留了竹片单元，其材性与圆竹本身的材性相关性较大。胶合竹的制造过程包括竹材处理、胶合、压制和固化等步骤。胶合竹经过层压处理后，强度和刚性显著提高，可用于承重结构。层压工艺使胶合竹的尺寸稳定性更好，不易变形和开裂。

重组竹是将竹材重新组织并加以强化成型的板材或方材，由竹材分解成纤维后在长度方向顺纹组坯，胶合压制而成。重组竹生产是先将竹材加工成长条状竹丝或碾碎成竹丝束，经干燥后浸入胶黏剂中，干燥至要求的含水率，然后将处理好的竹材铺放在模具中，经高温高压热固化而成型。重组竹具有优异的力学性能，可制成大尺寸的板材。

2.3.4.5 竹钢

竹钢，又称竹基纤维复合材料，是一种新型的高性能建筑材料，结合了竹材和其他材料（如树脂）的优势，具备了出色的物理性能和环保特性。竹钢利用竹材的天然纤维结构，通过先进的加工工艺，使其具备"钢材般"的强度和韧性，同时保持竹材的可再生性和低碳特性。

竹钢的强度接近甚至超过普通钢材，适用于各种承重结构。同时，竹钢的韧性较好，能够在受力情况下保持良好的变形能力，不易断裂。此外，竹钢具有良好的耐候性能，能够抵抗潮湿、腐蚀和紫外线等环境因素的影响。竹钢可用作建筑梁、柱等承重结构，替代传统的钢材和混凝土。

北京林业大学"森林之廊"主体结构由竹钢构成（图2-17），共使用20根11m长的竹钢大型弧形梁，跨度大、密度高、重量沉。竹钢弧形梁由吊装机分别运输到固定的位置，再进行现场安装，由一道道原木色的竹钢弧形梁构成优美的拱形廊道。

图 2-17 北京林业大学"森林之廊"，2020

2.4 低碳非结构材料

非结构材料种类繁多，替代选择性强，因此在低碳目标下涌现出许多新兴材料。在保温材料方面，出现了生物质隔热材料、再生纤维隔热材料、生物基发泡塑料隔热材料等低碳保温材料。同样，防水材料也发展出生物基防水材料、再生防水材料、可降解防水材料、无机纳米抗裂防渗剂等新型材料。建筑装饰材料种类丰富，涵盖外墙、内墙、地面等不同功能部位，因此也相应出现了许多低碳装饰材料，主要包括天然装饰材料、生物基装饰材料、再生装饰材料等。此外，还有一些其他新型材料，如透明木材、相变材料等，也有助于低碳目标的实现。

2.4.1 保温隔热材料

2.4.1.1 生物质隔热材料

生物质隔热建筑材料是指利用天然生物资源制成的隔热材料，以减少碳排放并提高可持续性，如稻草板、秸秆板、植物维材板、软木材料等（张光磊，2014）。它们不仅具备优良的隔热性能，还具有环保、可再生的特点，可用于建筑的墙体、屋顶和地板等部位的隔热。

常见的生物质保温隔热材料包括秸秆板、颗粒板、纤维板、菌丝体、生物基聚合物等。秸秆板是利用玉米秸秆、麻秆等植物秸秆制成的板材；生物质颗粒板由木屑、麻、蔗渣等生物质材料压制成板状；植物纤维板是采用麻、棉、亚麻等天然植物纤维制成的板材；菌丝体是利用真菌生长形成的材料（如菌丝板、菌丝砖等）；生物基聚合物材料是结合植物纤维与生物基聚合物制成的复合材料（如生物基聚酯材料）。

生物质材料主要来源于可再生的植物资源，其生产过程相比传统材料如矿物棉或聚合物材料，能显著减少能源消耗和二氧化碳排放。生物质材料通常采用植物秸秆、植物废渣或竹子等资源制成，这些资源大多数是可再生的，并且生长周期较短。

如图2-18所示，大麻纤维板厚100mm，长1100mm，宽600mm，是刚性保温材料，适合于外墙、倾斜屋顶、平屋顶等的隔热。大麻纤维保温材料是一种负碳产品，使用大麻纤维和矿物黏合剂制成，其制造过程不会对环境造成危害。大麻纤维材料可有效减少通过墙壁和屋顶的热量，从而显著降低能源费用。由于其可吸收和扩散水蒸气，它们还可以最大限度地减少冷凝或其他与水分相关的风险。此外，由于大麻纤维材料天然吸收声波，因此它们还具有较好的吸声效果。

图 2-18　大麻纤维保温板（引自 buyinsulationonline 网站）

2.4.1.2 再生纤维隔热材料

再生纤维隔热建筑材料是一类利用回收再利用的纤维材料制成具有保温隔热功能的建筑材料。这些材料通常由废弃纺织品、纸张、塑料瓶等再生材料制成，通过加工和处理后，成为具有优良隔热性能的建筑材料。

再生纤维隔热建筑材料种类多样，主要包括再生纤维板、再生纤维颗粒、再生纤维毡、再生纤维混凝土等。再生纤维板材主要由回收的纤维素材料如废弃纸张、木屑、纺织品等经过加工和成型后形成板状；再生纤维颗粒利用再生纤维加工制成小颗粒用于填充建筑墙体等；再生纤维毡是一种由回收的纤维材料如废弃纺织品、纸张等制成的压制毡状产品；再生纤维混凝土是一种结合再生纤维材料和混凝土的复合材料。

再生纤维隔热材料有效减少了对新资源的需求，降低了环境负荷，符合循环经济的原则，降低了新材料生产的碳排放。例如，再生牛仔纤维保温材料是通过回收和再加工废弃的牛仔布料制成（图2-19）。回收的牛仔裤和牛仔布像玻璃纤维一样被卷成棉絮，但与玻璃纤维不同，它不含有害物质，不会引起呼吸道刺激。棉质隔热材料的成本可能是玻璃纤维的2倍，但再生牛仔纤维可以大大减少进入垃圾填埋场的废物，降低碳排放。

图 2-19 再生牛仔纤维保温材料（引自 Degnan Design–Build–Remodel 网站）

2.4.1.3 生物基发泡塑料隔热材料

生物基发泡塑料建筑隔热材料利用可再生的生物质材料制成，如玉米淀粉、植物纤维和植物油等。这些材料通过发泡技术形成内部均匀的微孔结构，赋予其优异的隔热性能。与传统石化基发泡材料相比，生物基发泡塑料材料不仅减少了对不可再生资源的依赖，还大大降低了生产过程中的碳排放。

生物基发泡塑料包括聚乳酸（PLA）发泡塑料、聚羟基脂肪酸酯（PHA）发泡塑料、聚乙烯呋喃酸酯（PEF）塑料、聚丁二酸丁二醇酯（PBS）发泡塑料等。PLA是一种由玉米淀粉或薯类淀粉制成的生物基聚合物，PLA发泡材料具有良好的隔热性能、机械强度和生物降解性。PHA是由微生物发酵生产的生物基聚合物，具有优异的生物降解性和热稳定性，其发泡材料轻质且具备良好的隔热。PEF发泡塑料由生物基原料如植物油制成，具有低导热系数和高抗压强度与优良的隔热效果。

2.4.2 防水材料

2.4.2.1 生物基防水涂料

生物基防水涂料是一种环保型建筑材料，其主要原材料来自可再生资源，如植物油、植物树脂等。这种涂料不仅具有良好的防水性能，而且在生产和使用过程中对环境和人体健康更为安全。相比于传统的石油基防水涂料，生物基防水涂料更加环保，因为它不含或含有较低量的有害物质，如挥发性有机化合物（VOC）（张光磊，2014）。

生物基防水涂料包括天然橡胶涂料、植物油基涂料、植物树脂涂料、生物基聚合物涂料等。天然橡胶涂料利用天然橡胶作为主要成分，如亚麻籽油、葵花籽油、大豆油等，具有优良的弹性和耐久性。植物油基涂料以大豆油、亚麻油等植物油为主要成分，经过化学改性后用于防水涂料。植物树脂涂料使用植物胶、天然树脂作为基础材料，可以提供优异的防水性能。

美国底特律福特体育场（图2-20）是底特律狮子队（Detroit Lions）的主场，也是一个多功能室内体育场，拥有巨大的圆形屋顶。2016年，Tremco屋顶和建筑维修公司对其屋顶进行了节能改造。改造更新中使用了生物基聚氨酯防水涂料，其中70%为生物基材料，这个项目充分展示了生物基防水材料在实际应用中的环保优势。

图 2-20　美国底特律福特体育场（引自 flickr 网站）

2.4.2.2　再生防水材料

再生防水材料是一类利用废弃材料再加工制成的环保型建筑材料，可以减少废弃物对环境的影响，提升资源利用效率。再生防水材料通过回收废旧轮胎、塑料制品、沥青路面、塑料瓶和玻璃制品等再加工制成，不仅减少了废弃物的产生，还节约了资源（龙恩深 等，2017）。

常见的再生防水材料包括再生橡胶、再生聚乙烯（PE）、再生聚氯乙烯（PVC）、再生沥青、再生聚酯和再生玻璃纤维等。再生橡胶是由废旧轮胎和橡胶制品回收再加工制成的，具有优良的弹性和耐久性。再生PE通过回收废旧塑料袋、包装材料等制成，具有防水和耐用的特点。再生PVC防水膜通过回收废旧PVC制品再加工制成，具有良好的耐候性和防水性能。再生沥青是通过回收旧的沥青路面和屋顶材料再加工制成，具有良好的黏结性和防水性能。再生聚酯是由废旧塑料瓶和纤维材料回收再加工制成，具有高强度和耐久性。再生玻璃纤维是通过回收废旧玻璃制品再加工制成，这类材料具有优异的耐候性和防水性能。

捷克Dolní Břežany体育馆（图2-21）的大厅核心是一个45m×25m的运动场地，高8~9m，用移动百叶窗垂直分成3个部分。大厅的结构结合了承重钢筋混凝土制成的拱形墙和钢结构空间桁架屋顶，跨度达44m。立面采用PREFA铝瓦，屋顶部分表面覆盖着白色的热塑性聚烯烃（TPO）防水膜。热塑性聚烯烃防水膜是一种热塑性聚烯烃防水材料，由聚丙烯（PP）和聚乙烯（PE）等烯烃聚合物合成，可以回收再利用。

图 2-21　捷克 Dolní Břežany 体育馆，2017（引自 wikimedia 网站）

2.4.2.3　可降解防水材料

可降解防水材料在使用寿命结束后可以通过自然降解的方式分解成无害物质，从而减少环境污染。可降解防水材料通常使用可再生资源（如植物淀粉、天然橡胶）制成，生产过程中的碳排放较低，在使用后能够自然降解，减少了废弃物处理过程中产生的碳排放，相比传统材料的焚烧或填埋处理方法，更具环保优势。

可降解防水材料包括天然橡胶防水材料、淀粉基防水材料、纤维基防水材料、PLA防水材料、PHA防水材料等。淀粉基防水材料通过改性淀粉制成，具有良好的防水性能和生物降解性，这类材料在自然环境中可以被微生物降解成无害物质。植物纤维是地球上丰富的生物基材料之一，通过化学改性可以制成防水材料。纤维基防水材料具有优良的防水性能和生物降解性。PLA是由淀粉等发酵制成的生物基塑料；PHA是由微生物合成的生物基聚合物，它们具有优良的生物降解性能。

2.4.2.4 无机纳米抗裂防渗剂

无机纳米抗裂防渗剂通过将纳米技术与无机化合物相结合，显著增强混凝土和砂浆的抗裂和防渗性能。这种材料利用纳米颗粒的独特物理和化学性质，能够有效填充混凝土中的微小孔隙，提升材料的密实度和抗渗能力。无机纳米抗裂防渗剂与混凝土基材具有良好的相容性，可以在基材内部形成稳定的晶体结构，从而提高材料的整体性能。

此外，抗裂防渗剂能够显著提高混凝土结构的耐久性，减少裂缝和渗漏的发生。这意味着建筑物在其生命周期内需要的维护和修复工作减少，从而降低了维护过程中所需的材料、能源消耗和相关的碳排放。同时，通过增强混凝土的抗裂性和防水性，抗裂防渗剂有效延长了建筑物的使用寿命，从而降低了寿命周期内的平均碳排放。

深圳欧加大厦位于深圳市南山区深圳湾超级总部基地，项目总建筑面积约24.8万m^2，最高高度199.75m。欧加大厦地下室侧墙（厚750mm）采用结构自防水方案，使用了国产的科洛无机纳米抗裂防渗剂。由于在欧加大厦的建造过程和使用中，保证建筑物的抗裂防水性能十分重要，施工方通过多种小面积测试，最终选择科洛无机纳米抗裂防渗剂作为地下室防水材料。

2.4.3 装饰材料

2.4.3.1 天然装饰材料

天然装饰材料是从自然界中直接获取，并经过最小加工处理后用于建筑和室内装饰的材料，包括天然木材、竹材、石材、纤维和颜料等。

植物纤维板由天然植物纤维（如甘蔗渣、稻草、木屑等）制成，是一种环保、可再生的建筑和装饰材料。天然亚麻布艺由亚麻纤维制成，质地柔软、透气性好，具有天然的质感和纹理，同时具有抗菌、防霉、吸湿排湿等功能，有助于创造健康的室内环境。软木板由橡树皮制成，质地柔软、弹性好，具有良好的隔音、隔热、防潮、抗震等特性。天然颜料则由矿物、植物或动物提取而成，用于墙面和家具的涂装，既环保无害，又能提供自然柔和的色调。

天然装饰材料大多来自可再生资源，这些材料可以在较短的时间内重新生长，确保了资源的可持续利用，减少了对不可再生资源的依赖。天然装饰材料如木材和竹

图 2-22 瑞士梅兰科学与创新球形馆，2004
（引自 wikimedia 网站）

材具有很强的碳汇能力，它们在生长过程中会吸收二氧化碳。

位于瑞士日内瓦梅兰的科学与创新球形馆是一个游客中心（图2-22），旨在向游客介绍欧洲核子研究中心（CERN）正在进行的重要研究。这个木结构建筑高27m，直径40m，是地球的象征。其最初是为瑞士纳沙泰尔2002世博会建造的，2004年被搬迁到瑞士日内瓦州的梅兰。建筑由两个同心球体嵌套而成，由5种不同类型的木材制成，包括苏格兰松、花旗松、云杉、落叶松和加拿大枫木，是可持续建筑的典范。

2.4.3.2 生物基装饰材料

生物基装饰材料是利用天然生物资源，如植物、动物和微生物，经过物理、化学或生物技术处理制成的装饰材料（张光磊，2014）。这些材料包括生物基涂料、植物纤维板、生物基聚合物（如PLA）等。

生物基涂料是以生物质材料为主要原料制成的涂料，其原材料可以包括植物油、淀粉、纤维素、天然树脂等。植物纤维板则利用甘蔗渣、稻草和木屑等植物纤维制成，具有可持续性。生物基聚合物如PLA由玉米、薯类淀粉等发酵制成，具有可生物降解性，减少了对石油基塑料的依赖。

上海前滩太古里（图2-23）由分布在南区、北区的约12万m^2的建筑及占地8000m^2的中央公园组成，另外还有80m长的"悦目桥"。前滩太古里分为"石区"及"木区"，

图 2-23 上海前滩太古里，2021（引自 wikimedia 网站）

建筑立面分别采用天然石材和木材铺砌，由中央公园联系两区。建筑外墙采用了大量的炭化木，一种经过高温炭化处理的木材。通过在无氧或低氧环境下将木材加热至200~300℃，炭化过程改变了木材的化学结构，从而增强其耐用性和稳定性。炭化木的生产过程不使用化学药剂，而是通过高温处理，这减少了化学品对环境的污染。此外，炭化处理后的木材吸湿和脱湿过程中的尺寸变化较小，具有更高的尺寸稳定性，使用寿命显著延长，减少了更换和维护的频率。

2.4.3.3 再生装饰材料

再生装饰材料是指利用废弃物或回收材料加工制成的装饰材料，这些材料通过再生工艺重新获得使用价值。再生装饰材料不仅有助于减少资源浪费，还能降低碳排放。

再生装饰材料包括再生木材、再生玻璃、再生混凝土、再生金属、再生塑料和再生纺织品等（龙恩深 等，2017）。再生木材来源于废旧家具、建筑废木料和木材加工剩余料，经过精细加工和处理可再次利用。再生玻璃主要来源于废旧玻璃瓶、玻璃窗和建筑玻璃，这些废弃玻璃通过熔融再加工，可制成新的玻璃制品，如玻璃砖、装饰玻璃和马赛克。再生金属包括废旧金属制品和工业金属废料，通过熔炼再加工，制成新的金属制品，具有良好的力学性能和装饰效果，可用于金属装饰板。再生塑料来源于废旧塑料瓶、塑料包装和工业塑料废料，经过熔融再加工，这些废弃塑料被制成再生塑料板、颗粒等，具有轻质、防水和耐腐蚀等特点，可应用于墙面装饰板、地板、装饰配件等。再生纺织品利用废旧衣物和纺织品加工剩余料，通过清洗、拆解和再纺织制成新的纺织品，这些再生纺织品柔软、透气且环保，常用于窗帘、地毯和装饰布艺。

丹麦哥本哈根 Resource Rows（图2-24）是9148m²的住宅开发项目，由29栋联排别墅和63套公寓组成，建筑东端高7层，西端高5层，中间高3层。建筑建立了太阳能发电和雨水收集系统，回收的中水用于冲厕所和浇灌公用花园。该建筑的外墙由再生的砖块制成，其中包括来自嘉士伯历史悠久的啤酒厂以及丹麦各地的旧学校和工业建筑的砖块。

2.4.4 其他新型低碳材料

随着科技的进步和环保意识的提升，新型低碳材料的研发和产生不断加速。这些材料不仅在性能上取得了突破，还在减少碳排放、提高资源利用效率和推动可持续发展方面发挥着重要作用。一些新型低碳材料包括生物水泥、透明铝、透明木材、菌丝体材料、热敏型涂料、相变材料、轻质发泡陶瓷、高性能纤维等。

图 2-24　丹麦哥本哈根 Resource Rows 住宅项目，2019（引自 flickr 网站）

2.4.4.1 生物水泥

生物水泥是一种由钙盐、尿素、微生物（如脲酶微生物）按一定比例混合，通过微生物介导的碳酸钙沉淀产生的水泥材料。将培养的微生物与含有尿素的营养液混合，然后将该混合物喷洒或注入骨料（如砂子、石子）中，在微生物的作用下，尿素分解产生的碳酸钙在骨料间形成结晶，逐渐将骨料胶结在一起，形成生物水泥。

生物水泥的生产过程不需要高温烧制，相对于传统水泥生产大大减少了二氧化碳的排放，符合绿色建筑和可持续发展的要求。生物水泥也可以利用废弃物和工业副产品作为原料，以进一步减少资源消耗。生物水泥通过生物矿化过程形成的碳酸钙结晶强度高，耐久性良好，能够满足建筑结构的要求。

2.4.4.2 透明铝

透明铝，又称铝氧氮化物（aluminum oxynitride，ALON），是一种具有独特光学和机械性能的新型材料，是铝、氧、氮的化合物，由于具有陶瓷特性，又称透明陶瓷。透明铝具备高硬度、耐磨损以及优良的透光性。

这种材料还具备良好的耐腐蚀和耐高温性能，能够在苛刻的环境条件下保持稳定，比传统的玻璃和塑料材料更耐久和抗冲击，可延长产品的使用寿命，减少资源消耗。

2.4.4.3 透明木材

透明木材是一种新型木材（图2-25），通过化学处理和加工技术，将传统木材的木质素去除，然后用透明树脂或聚合物填充（包括聚甲基丙烯酸甲酯PMMA和环氧树脂），使其具备透明性和高强度（王信刚 等，2023）。这种材料既保留了木材的天然特性，又具备玻璃的透光性和优良的力学性能。

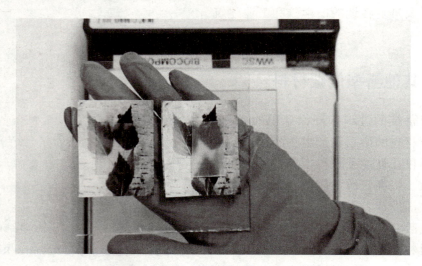

图 2-25　透明木材展示（引自 wired 网站）

透明木材的透光率可达到85%以上，接近于传统玻璃的透光性，适用于窗户、天窗等需要透光的建筑部位。透明木材保留了天然木材的高强度和轻质特性，其抗冲击性能优于传统玻璃，减少了破碎风险。

2.4.4.4 菌丝体材料

菌丝体材料是一种新型的生物材料（图2-26），利用真菌的菌丝体生长特性，通过特定的培养和加工过程形成的可生物降解材料。其生产过程包括选择适合的真菌菌种，将其接种到富含营养的农业废弃物（如锯末、稻壳、玉米秸秆等）上进行培养。菌丝体在这些基质中迅速生长，形成致密的网络结构，然后将其放入模具中成型，干燥后制成各种形状的材料。

菌丝体材料是一种完全可生物降解的材料，符合低碳发展的要求。此外，菌丝体材料由可再生的农业废弃物制成，减少了资源浪费。菌丝体材料具有轻质、高强度、良好的隔热和吸音性能，并且经过处理还具有防火和防霉特性。

图 2-26 菌丝体材料（引自 wikimedia 网站）

2.4.4.5 热敏型涂料

热敏型涂料是一种能够根据温度变化而改变颜色或其他性质的智能涂料。热敏型涂料的核心是其中的热敏色素，这些色素在特定温度范围内会发生物理或化学变化，从而改变其颜色或透明度。根据涂料的成分和结构，其颜色变化可以是可逆的（温度恢复后颜色恢复）或不可逆的（颜色变化不可逆转）。

热敏型涂料可以在建筑外墙和屋顶上使用，在高温时反射太阳光，减少热量吸收，降低建筑内部温度，减少空调使用，从而节约能源。在低温时，涂料可以吸收更多的热量，帮助保持建筑内部温暖。

2.4.4.6 相变材料

相变材料（phase change materials，PCM）是一类能够通过吸收或释放大量潜热来实现温度调节的材料（中国城市科学研究会，2022）。它们在经历固液或结晶态转变过程中，能够有效地存储和释放热量。相变材料可分为有机和无机两大类。有机相变材料包括石蜡、脂肪酸等，具有较好的化学稳定性和可循环性；无机相变材料则包括盐水合物、金属合金等，具有较高的相变潜热和导热性。

相变材料的核心原理是通过物质的相变（通常是固液相变）来吸收或释放热量。当环境温度上升到某一特定温度（称为相变温度）时，材料开始熔化并吸收大量热量，从而起到降温的效果。反之，当温度下降到相变温度以下时，材料开始凝固并释放热量，起到保温的作用。

相变材料可用于建筑墙体、屋顶和地板中，能够有效调节室内温度，减少空调和供暖的能耗。在白天，材料吸收太阳能量，保持室内凉爽；在夜间，材料释放储存的热量，保持室内温暖。随着技术的不断进步，相变材料的性能将进一步提升，成本将不断降低。

2.4.4.7 轻质发泡陶瓷

轻质发泡陶瓷是一种具有多孔结构的先进材料，通过在陶瓷基体中引入气泡形成轻质、多孔结构。轻质发泡陶瓷通过将发泡剂（如有机物、无机物或发泡混合物）引入陶瓷浆料中，在发泡剂加热过程中产生气体，形成气泡。

由于其多孔结构，轻质发泡陶瓷的密度显著低于传统陶瓷，减轻了材料的重量，一般可浮于水面。尽管密度较低，轻质发泡陶瓷仍具有较高的机械强度和刚性，能够承受一定的负荷。多孔结构使轻质发泡陶瓷具有良好的隔热性能，适用于保温隔热材料。其多孔结构还赋予了良好的吸声性能，可用作声学材料，降低噪声污染。

2.4.4.8 高性能纤维

高性能纤维材料是一类具有优异机械、热学、电学或化学性能的纤维材料。这些纤维材料具有极高的拉伸强度和模量，能够承受巨大的应力和应变，显著提高复合材料的力学性能。这些纤维材料的密度通常较低，使其成为减轻重量的理想选择，从而节省资源。由于其性能优异，高性能纤维建筑复合材料可以延长建筑物的寿命，降低资源消耗。

高性能纤维材料包括多种类型，如碳纤维、芳纶纤维、聚乙烯纤维、玻璃纤维等。碳纤维由碳元素组成，具有极高的强度和模量，还具有良好的导电性和耐高温性能。芳纶纤维如凯夫拉（Kevlar），具有极高的拉伸强度和耐冲击性，同时耐高温和耐化学腐蚀。玻璃纤维尽管密度略高于其他高性能纤维，但具有优良的力学性能、耐高温和耐腐蚀性能，较为广泛应用于建筑材料中。

纽约宝马古根海姆实验室（图2-27）是一个试验性的公共空间，由Bow-Wow建筑事务所设计，建筑由碳纤维制成非常轻巧的结构。该建筑被认为是"城市中飞行的Loft"，可举办各种活动，如研讨会、讲座、展览、电影放映、招待会等。家具、屏幕、灯光和舞台悬挂在Loft空间中，并根据地面上的活动提供不同功能。

图 2-27 纽约宝马古根海姆实验室，2011（引自 flickr 网站）

2.5 低碳材料应用策略

2.5.1 使用可再生材料

可再生建筑材料是指来源于自然界并且可以持续再生，不会因使用而枯竭的材料。这类材料在建筑行业的应用不仅有助于减少对环境的负面影响，还能推动绿色低碳建筑的发展。可再生建筑材料包括木材、竹材、亚麻、稻草等天然材料，这类材料可以通过较短时间种植的方式获得，可以替代传统的钢铁、水泥等非可再生材料，减少对环境的污染和能源的消耗。

2.5.2 使用可循环材料

可循环建筑材料通过再利用和再加工建筑废弃物，减少资源消耗和环境污染，是现代建筑业推动可持续发展的重要组成部分。未来建筑设计会更加注重回收材料的应用，如再生混凝土、回收玻璃、再生金属等，这些材料不仅可以节约自然资源，而且具有低碳环保的特点。

可循环建筑材料包括再生混凝土、再生钢材、再生砖、再生塑料、再生玻璃和陶瓷等。这些材料分别由回收的废弃混凝土、废旧钢材、建筑拆除产生的废砖和废料、废旧塑料制品、旧玻璃和陶瓷等再加工而成。回收材料不仅可以减轻环境和资源压力，而且有可能降低材料价格（图2-28）。

图 2-28　回收集装箱用作建筑（引自 flickr 网站）

2.5.3　使用生物基材料

生物基建筑材料是指利用植物、动物或其他生物体中提取的天然成分制成的材料，如生物基塑料、生物基纤维等。生物基材料正更多地用于建筑中，减少对不可再生资源的依赖。生物基材料通常可再生、可降解，对环境破坏小。生物基建筑材料包括汉麻混凝土、生物基塑料、生物基涂料、生物基纤维板等。

美国The Living设计工作室设计的纽约Hy-Fi实验建筑采用了先进的数字技术进行设计和制造（图2-29），由菌丝体砖块建成，做到了生物可降解，降低了对环境的影响。

图 2-29　纽约 Hy-Fi 菌丝体建筑，2014（引自 flickr 网站）

2.5.4 使用高性能材料

高性能建筑材料是指在强度、耐久性、功能能效等方面表现优异的材料。这些材料应用于建筑中，可以提高建筑物的性能、寿命和可持续性。另外，高性能材料可以减少建筑材料用量，从而降低碳排放。

高性能建筑材料包括高性能混凝土、高性能钢材、高性能木材等传统材料的改进，也包括碳纤维、玻璃纤维、钛合金等新型材料。高性能混凝土以其卓越的抗压强度、抗裂性和耐久性而著称，高性能钢材包括耐候钢、耐火钢、耐蚀钢和和高强度低合金钢（HSLA）等，高性能木材如交叉层压木（CLT）和胶合木（glulam）等。复合材料如碳纤维和玻璃纤维，因其高强度、重量轻和耐腐蚀性，适用于需要高强度的结构。

2.5.5 选择本地材料

建筑施工过程中尽量使用来源于建筑所在地或周边地区的材料。使用本地建筑材料不仅能够降低运输成本和碳排放，还能促进当地经济发展，保护自然环境。

选择本地建筑材料的一个主要优势是减少长途运输的需求，从而显著降低运输碳排放。运输建筑材料的过程中，尤其是重型建筑材料，如石材、砖块和混凝土，会消耗大量的能源，从而产生大量碳排放。通过使用本地材料，可以减少这些排放，有助于降低建筑项目的整体碳足迹，促进绿色低碳建筑的发展。

在中国的某些传统村落，依然保留着使用当地石材和木材建造房屋的习惯，这不仅体现了浓厚的地方特色，还保证了建筑物的实用性、耐久性和低碳性。在一些现代建筑项目中，设计师也越来越多地采用本地材料，打造出具有独特风格和绿色环保的建筑作品。

2.5.6 探索新型材料

随着科技的进步和环保意识的增强，新型建筑材料不断涌现，为建筑行业带来了更多选择和可能（图2-30）。这些新材料不仅提升了建筑性能，还在节能减排、环境保护和可持续发展方面发挥了重要作用。

智能材料具有感知和响应功能，能够通过自身的特性来响应外界环境的变化，实现自适应和自我修复等功能。自调节智能玻璃可以根据外界光照和温度条件自动调节其透明度和隔热性能，这种玻璃内含有智能涂层或电致变色材料，当阳光强烈时，它会自动变暗，减少热量和紫外线的进入；在光线不足时，则变得透明，以最大限度地利用自然光。相变材料（PCM）是一种能够在特定温度下改变其物理状态（如从固态变为液态）以吸收或释放大量热量的材料，可用于建筑中储存和释放热能，调节室内温度，从而减少空调和采暖系统的能源消耗。温控智能涂料是一种能够根据环境温度自动调节其隔热或导热性能的涂料，当外界温度升高时，涂料会增强其隔热效果；反之，则增强导热效果，从而保持建筑物内部的恒定温度。

图 2-30　火星风化层土壤制砖（引自 Construction Week Online 网站）

　　自愈合混凝土和自愈合金属是具有自动修复裂缝能力的智能材料。当自愈合混凝土表面出现微小裂缝时，混凝土内部的微生物、微胶囊或化学成分会被激活，填补裂缝，恢复其结构完整性。自愈合金属能够在外力作用下产生微小裂纹或损伤时，利用微胶囊或形状记忆合金等技术自行进行修复，从而恢复其结构完整性和力学性能。

　　高性能绝热材料，如气凝胶和真空绝热板，具有极低的热导率，可以显著提高建筑物的隔热性能，降低能源消耗。这些材料重量轻、厚度薄，但绝热效果极佳，适用于建筑物的墙体、屋顶和地板等部位，有助于实现建筑节能和提高室内舒适度。

　　这些新型建筑材很多还在研究探索阶段，还未大规模应用。但随着技术的成熟，将越来越多地应用于建筑设计当中，以提高建筑性能，降低碳排放。

小　结

　　建筑材料的生产碳排放通常占建筑隐含碳排放的最大比例。目前，中国的建筑材料主要是混凝土和钢材，这两者都是高碳排放材料。因此，为降低建筑碳排放，有必要选择低碳建材。低碳建材是在全生命周期中碳排放明显较少的建材，是建筑材料低碳转型的重点发展方向。

　　建筑材料可根据使用功能和性能分为结构材料和非结构材料。结构材料具有较好的力学性能，主要用于梁、柱、墙体等结构构件，包括混凝土、钢材、砌体材料和木材等。非结构材料则用于除承重结构之外的非结构构件，如填充墙、装饰吊顶和管线材料，可按功能分为保温隔热材料、吸声材料、防水材料、装饰材料、管线材料和胶黏材料等。

　　在低碳结构材料方面，混凝土材料研发出再生混凝土、碳捕集混凝土、汉麻混凝土、超高性能混凝土、地质聚合物混凝土和自愈合混凝土等。低碳钢材包括再生钢材、高性能钢材和自愈合钢材等。低碳砌体材料包括再生砖、固碳混凝土砌块、混凝土加气块和细菌砖等。木竹材作为生物质材料，在生长过程中具有碳汇作用，本身就是一种低碳材料。

在低碳非结构材料方面，保温材料可采用生物质隔热材料、再生纤维隔热材料和生物基发泡塑料隔热材料等。防水材料也发展出如生物基防水材料、再生防水材料、可降解防水材料和无机纳米抗裂防渗剂等新型材料。低碳建筑装饰材料种类多样，包括天然装饰材料、生物基装饰材料和再生装饰材料等。此外，还有一些新型环保材料正在探索开发当中，未来将有机会大规模应用到建筑设计当中。

为实现低碳目标，在建筑材料选用时，应选择可再生材料、可循环材料、生物基材料、高性能材料，优先选择本地材料，积极探索新型材料。实现低碳建筑目标是当前建筑行业的重要任务，而建筑材料的选择在这一过程中起着关键作用，通过选用低碳建材，可以显著降低建筑全生命周期的碳排放，从而助力实现"双碳"目标。

思考题

1. 建筑材料生产对环境产生了哪些影响？为什么要采用低碳建筑材料？
2. 推广低碳建筑材料面临着哪些挑战？有什么潜在的解决办法？
3. 建筑结构材料和非结构材料有哪些差异？请举例说明。
4. 在低碳结构材料中，哪些可以使用回收材料或工业废渣生产？论述一下它们的特性。
5. 举例说明高新能低碳结构材料是如何实现低碳目标的。
6. 在低碳非结构材料中，哪些属于生物质材料？需要哪些生物原材料来生产？
7. 你还知道哪些新型低碳材料？它们是如何实现低碳目标的？
8. 在选用低碳材料是要考虑哪些因素？

推荐阅读书目

低碳建筑选材宝典. 材见船长. 中国建筑工业出版社，2023.

绿色先进建筑材料. 王信刚，邹府兵. 中国建筑工业出版社，2023.

绿色建筑材料及部品. 龙恩深，欧阳金龙，王子云. 中国建筑工业出版社，2017.

新型建筑材料. 张光磊. 中国电力出版社，2014.

第3章
低碳构造设计

> **本章提要**
>
> 本章主要介绍了低碳建筑构造的设计方法，包括围护界面、屋顶、外门窗、外遮阳等方面的低碳设计。同时探讨了构造材料的低碳设计原则，包括控制用材总量、就地取材、采用循环再生材料以及一体化设计等内容。通过这些设计原则的应用，可以实现建筑构造的低碳节能设计。

建筑行业是城市能源消耗的重要部门，占全球碳排放量的39%。同时，建筑业也是高碳排放工业产品钢筋水泥的使用大户，建筑钢材消费量占全社会钢材总产量的30%，建筑水泥消费量占全社会水泥总产量的25%（国际能源署，2020）。因此，建筑行业的碳减排对于建设清洁、安全、低碳的城市至关重要。在当前应对气候变化更加紧迫的情况下，建筑行业碳减排应从建筑的全生命周期来考虑。

建筑全生命周期碳排放是指统筹考虑建造的4个相关阶段所产生的温室气体排放量的总和。包括：建筑材料生产与运输阶段、建筑施工阶段、建筑运营阶段、建筑拆除及回收阶段（图3-1）。

①**建筑材料生产与运输阶段的碳排放**　包括钢筋、混凝土、玻璃等主要建筑材料生产过程中的碳排放，以及从生产现场到施工现场的运输过程中产生的碳排放，即隐性碳排放。

②**建筑施工阶段的碳排放**　包括各分项施工完成后产生的碳排放和各项措施实施过程中产生的碳排放。

③**建筑运营阶段的碳排放**　包括暖通空调、生活热水、照明、电梯、燃气等能源消耗产生的碳排放。

④**建筑拆除及回收阶段的碳排放**　包括人工拆除中使用的机械设备和使用小型机具的机械拆除所消耗的各种能源动力所产生的碳排放。垃圾回收运输产生的碳排放，以及垃圾填埋和焚烧产生的碳排放。

建筑材料生产与运输阶段　　建筑施工阶段　　建筑运营阶段　　建筑拆除及回收阶段

图 3-1　建筑全生命周期

建筑材料生产与运输阶段是指从建材的开采、运输、加工、生产到建材运输至施工现场的过程，是除运行阶段外碳排放量最大的阶段。这一阶段的碳排放主要来源于上述过程的能源消耗和生产工艺环节中的物理化学反应。现有建材产品种类繁多，构造材料的低碳选择上也具有多种可能性，此部分从控制用材总量、鼓励就地取材、循环再生材料、室内外一体化4个方面展开讨论。

研究显示，建筑运营阶段的碳排放量占整个生命周期的60%~80%，是建筑生命周期的主要阶段（林宪德，2007）。在能耗方面，建筑运营阶段的主要能源有采暖、空调、通风、照明、热水供应等。其中，以建筑使用寿命为50年来统计，运营阶段能耗以采暖空调为主，占65%左右。因此，低碳的建筑构造设计应重点关注建筑围护界面的绿色节能设计。从选择围护墙体、设计屋面构造、优化门窗系统、选取遮阳方式4个方面深入优化构造设计。

3.1　围护界面低碳设计

围护界面的低碳设计重点在于降低运营阶段能耗，尤其是采暖、空调、通风、照明的能耗。而建筑的围护界面主要由外墙、屋顶、外门窗构成，因此，围护界面的低碳设计即围绕其绿色节能设计展开。

3.1.1　围护墙体低碳设计

围护墙体是建筑与外部环境直接接触的界面，直接受到自然和人工环境的影响。通过优化围护墙体的蓄热能力、隔热能力等热工性能，加强处理冷热桥结构等薄弱环节，可以使室内空间环境保持在相对稳定的状态，既降低能耗，又提高舒适度。

3.1.1.1　外墙的节能

外墙的节能减排设计需要根据气候分区、建筑类型、围护结构类型、体形系数、经济造价等不同情况，选择相应的保温材料和厚度，使其达到相应的传热系数和热惰性指标等要求。在日间与夜间存在较大温差的环境中，选择保温能力较好的外墙体系，可大幅降低外墙热损与传热性能，使室内温度变化幅度减小，提高舒适度，并减少采暖或空调设备的开停次数，从而提高设备的运行效率，降低室内能耗，达到节能降碳效果。

外墙保温构造做法主要有内保温、外保温、夹心保温、自保温4类（图3-2）。

①**内保温的做法** 是指保温层在围护结构内侧。这样做的优势是：施工方便、技术简单。劣势是：保温层占用了一定的内部空间面积，要注意材料对人体健康安全的影响；室内装修和平时使用时容易破坏保温层，并且这种做法难以避免热桥问题。内保温比较适用于历史保护建筑。

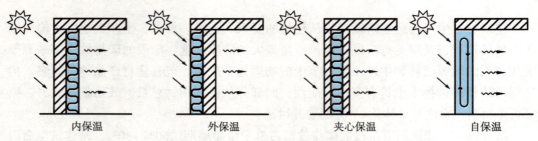

图3-2 外墙保温

②**外保温的做法** 是指保温层在围护结构外侧。这样做的优势是：能有效地保护围护结构；不占用内部空间的面积，且避免了室内装修对保温层的可能破坏；有利于提高墙体的防水性和气密性；基本消除了热桥的影响。劣势是：对保温材料的各项性能要求较高，并且对施工队伍和各项技术要求较高。外保温适用范围广，可用于各类建筑的外墙、各类新建建筑和既有建筑改造。

③**夹心保温的做法** 是指保温材料设置在外墙中间。这样做的优势是：对保温材料要求不高，易于保护。劣势是：难以消除热桥现象，且施工困难；容易导致外墙抗震性减弱，外墙寿命缩短。夹心保温的使用范围不广。

④**自保温的做法** 是指墙体既有承重功能，又有较好的热工性能，具有保温效果。这样做的优势是：构造简单，施工方便，经济实用。劣势是：保温效果受到一定的限制，使用范围有限。

3.1.1.2 幕墙的节能

（1）利用双层幕墙形成围护墙体中空层，减少外墙室内外热交换影响

当建筑物采用双层呼吸式幕墙时，由于两层幕墙中间空气流通层的存在，幕墙空腔具有通风换气的功能，且兼具良好的热工与隔声性能（图3-3）。当建筑处于高纬度地区时，可采用外循环双层通风幕墙；当建筑处于中低纬度地区时，可采用内循环双层幕墙通风。

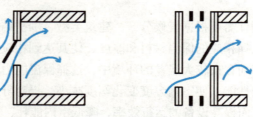

图3-3 双层幕墙

（2）采用隔热效果较好的Low-E中空玻璃，减少室内外交换热损耗

建筑玻璃门窗的选择应考虑室内外热量交换，宜选择隔热效果较好的Low-E中空玻璃。相比传统玻璃，该玻璃热辐射率低，可有效减少室内外交换热损耗，达到节能效果（图3-4）。而对于不同纬度的地区，可根据不同遮光与可见光的控制要求，选择不同的膜层位置的Low-E中空玻璃。

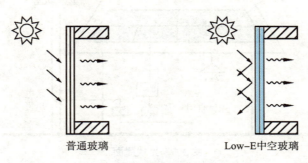

图 3-4　隔热玻璃

（3）选用隔热、断热型材幕墙，避免螺钉连接室内外铝型材

传统的门窗幕墙连接方式是用螺钉贯穿室内外型材，其弊端是螺钉会成为热桥，即成为室内外的热交换的载体，破坏室内的热环境。采用隔热幕墙铝型材可解决此问题，其原理为：用隔热条将型材室内一侧和室外一侧压合在一起，而夹持玻璃的幕墙外压盖只与外侧型材连接，无须再用螺钉连接到室内一侧的铝型材上，因而避免了热桥。

3.1.1.3　细部的节能

外墙和屋面等围护结构中的钢筋混凝土或金属梁、柱、肋等部位容易形成冷热桥，在室内外存在温差时，这些部位传热能力强，导致室内表面温度较低。所以应当注意加强冷热桥处保温构造，以防止在冷热桥处损失热能。

3.1.2　屋顶低碳设计

屋顶是房屋最上层覆盖的外围护结构，可抵御自然界的风霜雨雪、太阳辐射、气温变化和其他外界不利因素，以使屋顶覆盖下的空间有一个良好的使用环境。屋顶设计涉及防水、保温、隔热、美观等多方面的要求，保证屋顶的强度、刚度和整体空间的稳定性，并防止因过大的结构变形引起防水层开裂、漏水。就节能而言，需要综合考虑气候分区、建筑类型、围护结构类型、体形系数、经济造价等要求。屋顶的节能设计可通过光伏屋面、种植屋面、隔热屋面、保温屋面等做法来达到减排降碳的目的。

3.1.2.1　光伏屋面

当建筑的地理位置有较好的日照条件时，可以考虑设置屋面光伏板等太阳能搜集

系统来将其转化为建筑所需的电能（图3-5）。光伏板宜按一定角度倾斜放置，以确保光伏板获得的年总辐射量达到最大。屋面根据光伏板安装形式一般可分为3种形式：水平屋顶、倾斜屋顶与光伏采光顶。

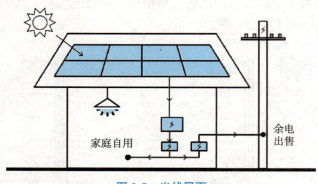

图 3-5　光伏屋面

3.1.2.2　种植屋面

屋面可通过设置屋顶花园或屋顶绿化起到节能降碳的作用。土壤本身就是导热率低的材料，种植屋面上的覆土可以起到良好的保温隔热作用，加上浇灌水的蒸发以及植物的蒸腾作用，种植屋面的保温隔热效果显著（图3-6）。同时由于植物对声波具有吸收作用，绿化后的屋顶可降低室外噪声。增设的覆土层与植物景观层也对屋面起到了一定的保护作用。屋顶种植不仅能提高建筑节能效益，还能增加城市绿量、缓解热岛效应、吸碳释氧，进而为城市碳中和助力。

种植屋面适用于夏热冬冷、夏热冬暖地区，严寒地区不宜采用。平屋顶可做屋顶花园或屋顶绿化，坡屋顶建议仅采用草皮、地被植物做屋顶绿化。

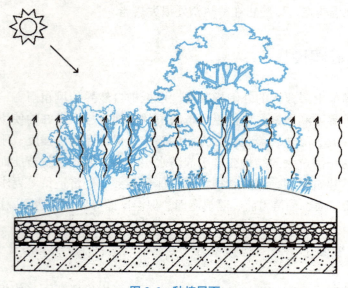

图 3-6　种植屋面

种植屋面的技术要点：

①种植设计时，应综合屋顶日照、风、浇灌、覆土厚度等条件以及适地适树原则进行植物的配置。

②若选用了根系发达的植物，须设置防穿刺层，避免植物根系对防水层、保温层、结构层造成破坏。

③种植屋面为满足必要的植物生长需求，其覆土层厚度往往不少于15cm，最低不得小于10cm。大型乔木的选择需综合考虑其所产生的吸碳量和覆土厚度的增加为下部结构增加的承载负担所引起的结构增碳，平衡整体的降碳效果。为尽可能减少覆土荷载，宜选用轻质种植土。

④种植屋面宜采用正置式保温屋面。

⑤基于强度与耐久性的考虑，屋面板需采用钢筋混凝土屋面板。

⑥种植屋面的技术关键是防水层，需两道设防。

⑦种植屋面因植物生长需要种植土长期保持一定的水分，因而需设置过滤层与排水层，并对排水层的长期排蓄水效果有较高的要求。

3.1.2.3 隔热屋面

（1）通风隔热

对于平屋顶屋面来说，常用的通风隔热做法是采用结构层上设置架空层来达到隔热节能的目的。而对于坡屋顶来说，则可通过挂瓦面层来实现通风隔热的效果。

①架空型隔热屋面　通风较好、夏季炎热的亚热带地区可以设置架空型保温屋面。架空型保温屋面利用风压和热压的作用将屋面吸收的太阳辐射热带走，大大提高屋盖的隔热能力，并减少室外热作用对室内的影响（图3-7）。架空型隔热屋面应与不同保温屋面系统联合使用，而在严寒、寒冷地区，不宜采用。

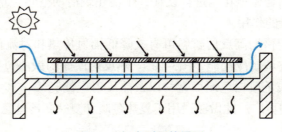

图 3-7　架空型隔热屋面

架空型隔热屋面的技术要点主要有：
- 架空屋面的坡度不宜大于5%；
- 架空隔热层的高度根据屋面宽度或坡度定，一般高度为100~300mm；
- 当屋面宽度大于10m时，应设置通风屋脊，以保证气流畅通；
- 进风口应设置在当地夏季主导风向的正压区，出风口在负压区；
- 架空板与女儿墙的距离约250mm。

②通风瓦屋面　是在普通坡屋面中增加了挂瓦条、通风檐口和通风屋脊，通过热压将屋面吸收的太阳辐射热带走，从而提高屋盖的隔热能力，优化屋面热工性能（图3-8）。通风瓦屋面的优势是：重量轻、施工周期短、节能环保、成本低。此做法主要适用于夏热冬暖和部分夏热冬冷地区。

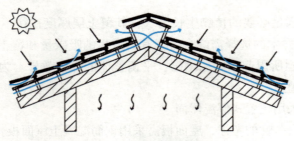

图3-8　通风瓦屋面

（2）实铺隔热

①蓄水屋面　一方面通过水蒸发时带走水层中的热量，大量消耗屋面的太阳辐射，从而有效地减弱屋面热量的向内传导；另一方面还通过水的反射作用减少太阳的热辐射，从而降低屋面温度，提升围护性能，是一种较好的隔热措施（图3-9）。

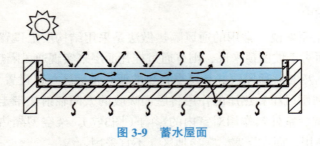

图3-9　蓄水屋面

蓄水屋面通常结合屋顶花园进行设计，丰富建筑活动空间、塑造建筑"第五立面"的同时具有节能降碳的作用。

②热反射屋面　借助高反射材料可有效降低辐射传热和对流传热作用，从而降低屋面的温度，减少空调制冷耗能（图3-10）。热反射屋面的做法包括使用浅色或白色涂料、热反射涂料、浅色或白色屋面卷材以及热反射屋面瓦等，其中热反射涂料相对其他技术手段应用范围更广。此做法适用于夏热冬暖和夏热冬冷地区。

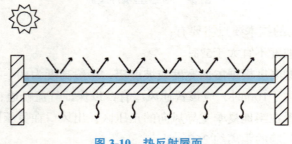

图3-10　热反射屋面

③浅色多孔表面材料屋面　深色材料相比浅色材料具有更强的吸收太阳辐射热的能力，而平滑材料相比多孔表面材料具有更强的导热能力（图3-11）。屋面铺装直接受太阳能辐射影响，若减少平滑深色材料，多使用多孔表面及浅色材料，可有效减少室内温度的波动，从而节能降碳。

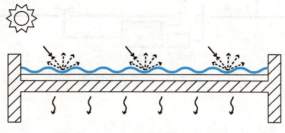

图3-11　浅色多孔表面材料屋面

3.1.2.4　保温屋面

倒置式保温屋面的做法是将保温层设置在防水层上方，形成防水层保护层。相比正置式保温屋面，倒置式保温屋面可借助高效保温材料有效地提高防水层使用寿命与整体性（图3-12）。

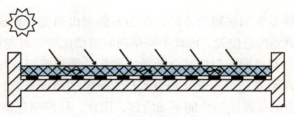

图3-12　倒置式保温屋面

倒置式保温屋面适用于夏热冬暖、夏热冬冷和寒冷地区。该做法既适用于室内空间湿度大的建筑，也适用于既有建筑的改造，但不适用金属屋面。

倒置式保温屋面的技术要点：

①应采用吸水率低（≤4%），有一定压缩强度，且长期浸水不腐烂的保温材料。

②如采用卵石保护时，保护层与保温层之间要铺设隔离层。

③在檐沟、水落口等部位，应采用现浇混凝土或砖砌堵头，并做好排水处理。

3.1.2.5　雨水收集屋面

建筑屋面雨水收集利用系统具有良好的节水效能，可解决暴雨来临时产生的内涝。对雨水进行贮存，可用于绿地灌溉、冲厕、路面清洗等（图3-13）。屋面雨水管应根据屋顶排水面积确定其管径及数量，为防止雨水管堵塞，在屋顶的雨水口处应设置过滤设施，方便清理杂物；屋面雨水通过雨水管汇集至雨水总管内，再依次进入雨水过滤池、蓄水池。

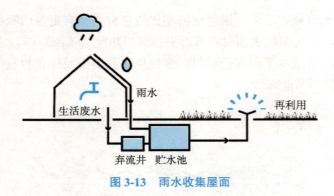

图 3-13 雨水收集屋面

3.1.3 外门窗低碳设计

外门窗是房屋能量流失的薄弱节点，其热工性能对于降低建筑能耗、减少碳排放量具有重要作用。外门窗的设置除了应充分考虑最优的采光、通风等需求外，还应考虑其热阻与气密性。

3.1.3.1 窗墙比与采光

不同朝向的墙体受太阳热辐射不同，所引起的室内温度变化也不相同，而外门窗又是围护结构中的薄弱构造位置，因此不同朝向的窗墙比对建筑能耗有直接影响。

窗墙比是指窗户洞口面积与房间立面单元面积（即建筑层高与开间定位线围成的面积）之比。从引入阳光、引入光线和引入自然通风的角度来说，应该尽量扩大开窗面积，但是由于外窗的保温隔热性能不如墙体，因此，从控制建筑空调能耗角度出发，应该控制窗墙比。

过往的设计中，设计师与使用者认为窗墙比越大，视野越开阔，越能感到心理满足。但是英国的心理试验发现：大多数人对20%的窗墙比已大致心满意足，窗墙比30%时的心理满足感已达最高峰。30%以上的开窗只是增加空调能源的浪费而已，对于视觉眺望的心理满足感并无帮助。

就地理位置而言，为了降低能耗，气温越低的地区，其允许开窗面积越小。就建筑布局而言，不同朝向的窗墙比变化对建筑能耗的影响程度不一样。建筑能耗对东、西向的窗墙比变化最敏感，北向次之，南向最弱。窗墙比每增加0.1，西向房间能耗增加比例为6.6%，东向房间为6.5%，北向房间为4.7%，南向房间<1%。南向房间窗墙比在0.25~0.65范围内变化时，全年房间能耗均较稳定。因此，适当放宽南向房间的窗墙比对建筑能耗的影响不大。不宜在东向、西向设置大面积的外窗和玻璃幕墙。在采暖地区也不宜在北向设置大面积的外窗和玻璃幕墙。

随着结构技术和制造工艺的发展，窗在建筑物上的位置十分自由，几乎可以出现在屋顶、立面的任何位置，同时，其形式也非常丰富，充满变化。严寒地区和寒冷地区的冬季可利用采光窗获得太阳辐射热，从而节约采暖能源。但采光窗同时也是室内能量耗散的薄弱环节，因此需根据太阳高度角精细化采光窗的角度，确保获得更多的热量。如对于进深很大的建筑或者带有中庭的建筑，可考虑设置天窗；对于需要将光线引入房间深处且无视线景观要求的建筑，可设置高侧窗（图3-14）。

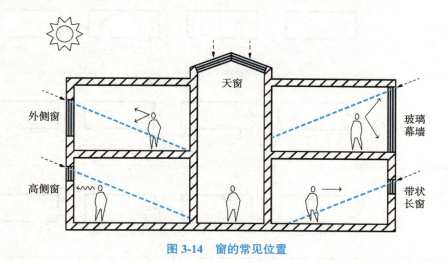

图 3-14　窗的常见位置

3.1.3.2　开启方式与通风

窗户开启方式因密封性、通风效果、保温性能不同，对建筑能耗产生不同影响。常见的开窗方式包括平开、悬转、推拉等（图3-15）。

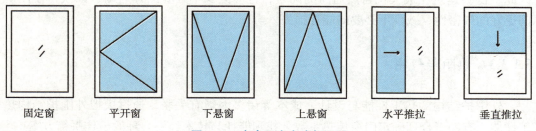

图 3-15　窗户开启方式与通风

开窗的通风效果，取决于开口面积大小与垂直导风板整流效果的好坏，即流体力学中的风量系数的大小。一般具有外推功能的平开窗和悬转窗，其最大开口面积约为推拉窗的2倍，同时平开窗扇具有一定的气流引导功能，因而通风性能较好。推拉窗因其最大开口面积小，因而通风性能最弱。垂直推拉窗虽然与水平推拉窗具有相同的开口比例，但因其接近人体活动范围的有效开口面较大，所以比水平推拉窗具有更好的生活面通风效果。另外，在垂直推拉窗上增设旋转的气窗，可产生较好的温差浮力通风效应，是通风效果良好的一种开窗方式。

此外，不同朝向的开窗形成不同的室内气流流场和通风效果，对带走室内热量、人体的舒适感也有直接关系，因此开窗方向应顺应夏季主导风向，避开冬季主导风向，并考虑导风方向（表3-1）。

表 3-1 开窗导风与通风

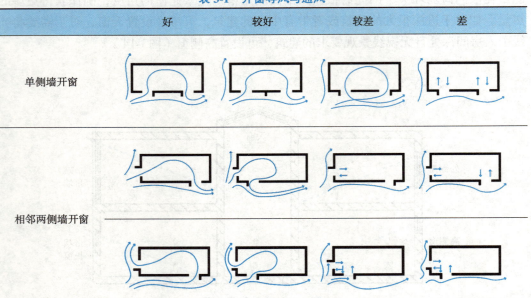

综上所述，在节能降碳设计中应合理选择窗户开启方式。平开窗具有通风、密封性好，隔声、保温、抗渗性能优良的优势，而且开启关闭方便、构造简单，因此应优先选择。

外门窗的开启扇设置过多时会增加缝隙处内外空气渗透的概率，增大建筑能耗。因此，低碳建筑在最大化自然通风的同时，也应减少不必要的开启扇，以获得使用房间更好的气密性，减少不必要的能耗损失。

3.1.3.3 热阻与气密

外围护结构的热工性能与设计、成本等诸多因素有关联，通过模拟外围护结构热工性能，有助于合理确定门窗传热系数，找到能耗与技术经济合理的最佳平衡方案。

门窗框型材直接与室内外接触，对热量传导起着直接作用。提高门窗框型材的热阻值，有助于减少热损耗。提高门窗热阻值主要有两种方式（图3-16）：选用导热系数小的框材，如木、塑或复合型框材；优化型腔断面的结构设计，在造价能接受的范围内，优先选用多腔型材，如隔热铝合金型材、隔热钢型材、玻璃钢型材等。对于幕墙，可采用隔热型材、隔热连接紧固件、隐框结构等措施，避免形成热桥。

影响门窗气密性主要有3个原因：存在压力差、存在缝隙、存在温差（图3-17）。针对影响气密性的成因，可从以下几点优化门窗的气密性：内外排水孔（缝）应左右错开，避免形成通缝；平开窗的密封条确保贴合窗框不变形；推拉窗毛条应与型材接触良好、密封到位，并保证一定的压缩量；把手安装位置合理，确保窗扇四周受力均匀。

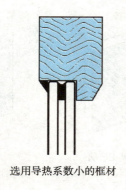 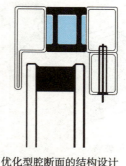

选用导热系数小的框材　　　　　　优化型腔断面的结构设计

图 3-16　热阻的影响

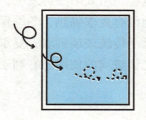 

　　　　　　　　　压力差　　缝隙　　温差

图 3-17　气密性影响

3.1.3.4　玻璃的选择

　　除了控制窗墙比和选择合适的开启方式，选用节能玻璃也是很有效的节能对策，尤其开窗面积越大的建筑物，采用节能玻璃的节能效益越突出。在设计中如果控制好了窗墙比，本身就是节能，不必花钱买节能玻璃，而大开窗建筑物自身就是能源"杀手"，需要通过节能玻璃来弥补庞大的能耗。

　　玻璃的节能特性主要体现在保温性与遮阳性两方面。保温性以传热率来衡量，其值越小保温能力越好；遮阳性以日射透率来衡量，其值越小遮阳能力越好。通常较厚或多层的玻璃，或者在多层玻璃的中空层充灌干燥空气或惰性气体，均可达到较好的保温性；而在玻璃上镀上反射率小的金属涂膜，遮阳性更好。

　　玻璃的节能设计可以遵循"北保温，南遮阳"的原则，在北方选用保温性好的玻璃，在南方选用遮阳性好的玻璃，即可达到事半功倍的效益。北方寒带气候主要采用双层玻璃、多层玻璃、中空玻璃或Low-E中空玻璃，都是很有效的节能对策。反之，南方温热气候的节能秘诀在于其遮阳性，采用反射玻璃或Low-E玻璃就是最有效的节能对策（图3-18）。

　　Low-E玻璃是指在玻璃上镀金属涂膜，此涂膜可选择性地通过低热能的可视光，并遮断大部分高热能的近红外光，因而大量降低太阳辐射。目前，温热气候降低空调能耗效果较好的是Low-E玻璃，它兼具良好的遮阳性与采光性，拥有约0.32的超低日射透过率和高达66%的可见光透过率，同时其外观有晶莹剔透的透明度，可兼顾空调节能与采光眺望的需求。但是，Low-E之类的电镀金属涂膜玻璃，涂膜不仅属于高污染物，而且使玻璃变成无法回收再利用的有毒废弃物，其降碳效果要综合考虑。

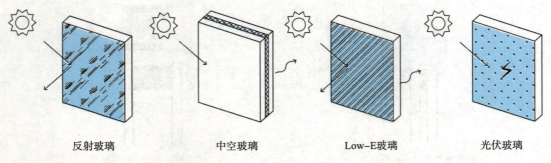

图 3-18 节能玻璃

太阳能光伏玻璃是一种将太阳能光伏组件压入，能够利用太阳辐射发电，并具有相关电流引出装置以及电缆的特种玻璃。在夏热冬冷地区有夏季隔热、冬季保暖的需求，若用太阳能光伏玻璃替代传统幕墙，因其透光率低于传统玻璃幕墙，夏季可阻止能量进入，冬季能防止室内能量流失。同时，太阳能光伏玻璃的使用还有利于将太阳光转化为建筑所需电能。

3.1.4　外遮阳低碳设计

建筑遮阳的目的是避免阳光直射造成眩光和室内过热。良好的建筑遮阳措施可以大大减少建筑物的空调能耗，具有很高的性价比。对应不同的建筑风格和朝向，可选择不同的遮阳形式。

遮阳分为外遮阳、内遮阳、中间遮阳3类。内遮阳一般仅用于室内设计阶段，或者用于不能改变外立面效果的历史保护建筑。中间遮阳一般位于玻璃系统内部或者两层门窗、幕墙之间，造价和维护成本高。外遮阳的节能效果远优于内遮阳和中间遮阳，还可以防眩光以确保采光眺望的舒适性，是建筑师首选的措施。外遮阳在热带、亚热带气候有很好的节能效果，甚至在夏热冬冷的北京节能效果都很显著，但在严寒地区则几乎毫无节能效益。

3.1.4.1　自遮阳

建筑遮阳首先应该与建筑布局和建筑形体设计相结合，使遮阳成为空间布局和建筑形体塑造的出发点之一，中外传统民居在这方面都有不少值得学习之处。

例如，阿拉伯地区气候干热，民居布局十分密集，街道狭窄，通过建筑之间的互相遮挡形成浓厚的阴影，给行人提供了较为舒适的步行空间。湿热地区的民居，则往往都有挑檐，其目的就是遮挡阳光的强烈照射，减少建筑获得的热（图3-19）。

建筑自遮阳是运用建筑形体的外挑和变化，利用建筑构件自身产生的阴影来形成建筑的"自遮阳"，进而达到减少屋顶和墙体受热的目的。

自遮阳可以通过挑檐、阳台雨篷、挑板、壁柱、外檐廊等结构构件，形成架空、出挑、倾斜、内凹等建筑形体，从而达到自遮阳的目的（图3-20）。总之，从建筑遮阳

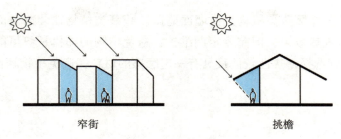

图 3-19　窄街与挑檐

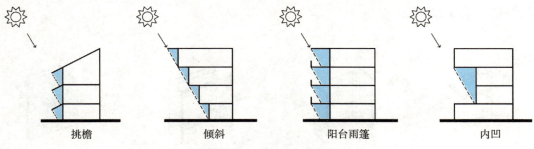

图 3-20　建筑"自遮阳"

角度来看，可以通过建筑物本身的凸出、凹进来遮挡阳光直射，减少一部分空间的空调负荷。此外，自遮阳方式还具有不影响建筑立面的效果、遮阳效果持久、维护成本低、遮阳效率不受人为控制因素影响的特点。

3.1.4.2　绿化遮阳

对于低层和多层建筑，适当地选取植物的种类与合适的种植位置，发挥植物的遮阳作用，能够改善建筑的能耗，增加体验舒适度（图3-21）。

低层建筑可以在靠近建筑的位置种植乔木，既遮挡夏季的烈日，又不影响冬季获取阳光，但要注意把握方位与距离。

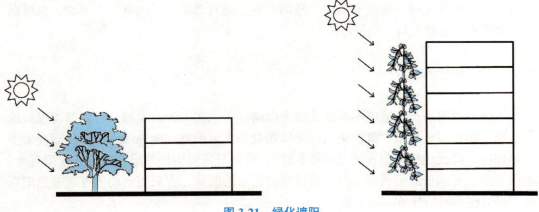

图 3-21　绿化遮阳

多层建筑可选择藤蔓类植物提供墙面遮阳。藤蔓类植物在装饰墙面的同时能够起到一定的遮阳和隔热效果，但需要定期维护，避免植物的随机长势可能造成的采光遮挡；此外，墙面宜选择蓄热性较低且具有一定摩擦的材料，避免植物晒伤，有利于其附着生长。

3.1.4.3 遮阳板

根据遮阳构件的类型，可以分为水平式遮阳、垂直式遮阳、综合式遮阳、挡板式遮阳4类（图3-22）。

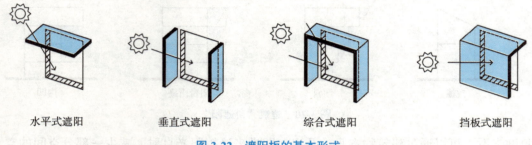

图 3-22　遮阳板的基本形式

①**水平式遮阳**　适用于北半球的南向窗口、北回归线以南地区的北向窗口。
②**垂直式遮阳**　适用于北向、东北向、西北向的窗口。
③**综合式遮阳**　具有水平式遮阳和垂直式遮阳的双重优点。
④**挡板式遮阳**　适用于东向、西向的窗口。

建筑通常都是坐北朝南的，因此建筑南向的窗户多半会被阳光直射，而水平遮阳是遮挡太阳直射光最普遍与有效的方式之一。在南方炎热地区，为了加强遮阳效果，可设计室外阳台或适当加大遮阳板的挑出距离。

在北方或西北等寒冷和严寒地区，因为太阳高度角较小，应优先考虑垂直遮阳方式。在窗口两侧设置垂直方向的遮阳板，能够遮挡高度角较小的、从窗口两侧斜射过来的阳光。根据光线的来向和具体处理的不同，垂直遮阳板可以垂直于墙面，也可以与墙面形成一定的夹角。

3.1.4.4　可调节遮阳

可调节遮阳由于能适应不断变化的太阳高度角，在一天的大部分时间都能很好地起作用。相比固定遮阳，其能更灵活地隔断夏季直射阳光直接进入室内，从而改善室内热环境、降低建筑冷负荷能耗（图3-23）。可调节遮阳构件的形式主要有遮阳百叶、遮阳卷帘、可调节遮阳板等。当建筑设置有天窗的时候，宜采用电动式可调节遮阳百叶，以适应不同的日照、采光条件。

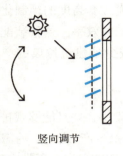 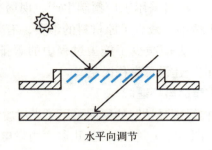

竖向调节　　　　　　　　　　　　水平向调节

图 3-23　可调节遮阳

3.1.5　围护界面低碳设计案例

3.1.5.1　案例3-1　中林绿碳驿站[*]

"中林绿碳驿站"是在北京林业大学校内建设的一栋近零能耗混合式木结构示范建筑（图3-24）。其木结构骨架采用了中国林业集团利用国储林杉木生产的胶合木，立面木格栅采用了单板层积材。

首先，在材料的选择上采用木结构建造，不仅能够将二氧化碳固定并存储在建筑中，形成人工"碳库"，而且能在其生产建造乃至未来投入使用的全生命周期中把建筑对环境的影响降到最小。

 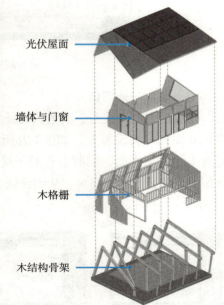

图 3-24　北京林业大学中林绿碳驿站

---

[*] 资料来源：北京林业大学园林学院风景建筑研究中心 + 材料学院木结构建筑设计中心。

其次，项目采用工厂预制生产、现场装配施工的建造模式。高度的预制化使其构件尺寸更精细，减少了原材料的浪费，有效提高了装配施工的效率。这种装配式的建造方式，一方面减少了施工过程中的碳排；另一方面也减少了建筑垃圾的产生，对"无废城市"建设具有积极意义。

（1）屋面与外遮阳

"中林绿碳驿站"的屋面采用了光伏屋面，其对环境污染小，并且能够减排大量二氧化碳（图3-25）。按照目前我国火力发电厂的效率计算，每生产1度电，约需要350g的煤，燃煤是温室气体的主要来源，而太阳能光伏发电就能够减少煤电所带来的碳排。另外，光伏屋面可以大大降低建筑物的能耗。据测算，在标准日照条件下，安装太阳能发电系统，$1m^2$的太阳能电池板功率130~180W，建筑物的照明完全可以通过电池组件发电维持。

"中林绿碳驿站"的屋面形式采用了坡屋顶，其朝南的一面面积较大且设置了檐廊（图3-25），这样的设计有助于增加光伏屋面的采光面积，增大储电量，同时南侧的檐廊也起到了一定的遮阳作用，可以减少夏季室内的制冷能耗。

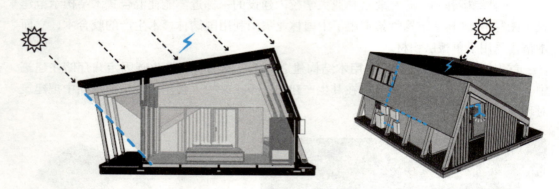

图3-25　夏季遮阳与光伏屋面

（2）墙体与外门窗

建筑地点位于北京，其气候特征是夏季西南风盛行，冬季则主要是西北风。因此，建筑立面的开窗设置上，如图3-26所示，在南面以及西南角开设了较多的门窗，形成室内主要的采光面，同时也有利于夏季的通风。而在建筑的西北角则不开窗，仅在北立面的东侧开有两扇高窗，从而保证冬季室内的保温性能。

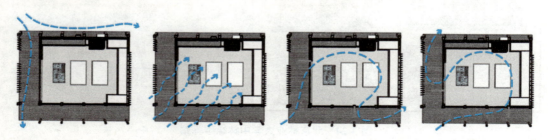

图3-26　外门窗的节能设计

在门窗扇的开启设计上，则考虑导风的效果。如图3-26所示，当同时开启西侧与南侧的左侧门扇时可以形成从西向东的室内空气流向，当同时开启西侧与南侧的右侧门扇时则可以形成从东向西的室内空气流向。这种自然通风的效果，有助于夏季带走室内的热量，起到通风隔热的效果。

建筑夏季的室内通风主要是通过西南侧的窗与东北角的高窗所形成的对流实现的（图3-27），高窗有一定的烟囱效果，可以加快空气的流速。建筑的西侧和南侧设置檐廊，除了可以起到遮阳隔热的作用外，长廊也有一定的导风效果，在建筑的外墙位置形成了通风隔热层，带走一部分热量（图3-27）。西南角屋面的折角设计，也可以形成西南风的气流上升引导，在屋面形成一道通风隔热的屏障。最终通过室外空气的流动带走部分热量，使传导入室内的热量减少，从而降低建筑运营期间的碳排。

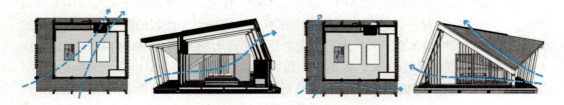

图3-27 通风隔热设计

"中林绿碳驿站"作为低碳近零能耗的木结构示范项目，在其建成运营后，还将继续通过内置的传感器监测其宜居性和减碳节能性能，并测算建筑生命周期各阶段的碳排放，为宜居、低碳、绿色木结构建造提供重要的理论参考。

3.1.5.2　案例3-2　邻鸥木居低碳建筑[*]

邻鸥木居的建造地点位于河北省张家口市的康保县，地处内蒙古高原东南缘，属阴山穹折带，俗称"坝上高原"。这里气候宜人舒爽，空气质量一直位居全省前列，草原天际线辐射全境。因每年全球约2/3的遗鸥在康保县繁衍生息，因此被中国野生动物保护协会授予"中国遗鸥之乡"称号。

康保县全年风力丰沛，一年中多风的天气持续7.6个月，从10月17日至翌年6月4日，平均风速超过14.8km/h。风力最大的月份是4月，平均风速为18.7km/h。因此，可考虑利用风能。当地全年日照时间长，年太阳总辐射1500~1700kW·h/m^2，具备利用太阳能的条件。康保县雨季持续4个月，年降水量为289mm，可考虑雨水回收再利用。

本方案的设计概念生成是从低碳设计的角度出发，考虑设置坡屋顶做光伏屋面以利用太阳能作为建筑运营期的电力来源之一（图3-28）。并且在四周设置挑檐以扩展屋面面积获取额外的能源。基于场地特征，以遗鸥作为形态生成的切入点，屋面形成飞翔状的下凹曲线。因当地风力较大，除了考虑利用风力发电补充能源外，还在结构前后增加斜撑以抵御水平荷载，并考虑增加门窗的密封性来保证保温隔热性能。

---

[*] 本小节图片及文献来源：北京林业大学SFC竞赛团队。

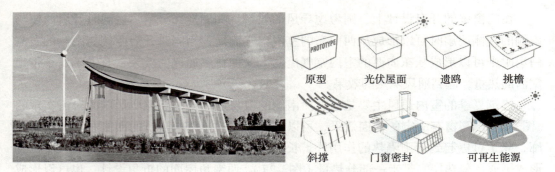

图 3-28 河北康保县邻鸥木居

(1) 材料与建造

邻鸥木居项目的主体梁柱结构、墙体、屋盖、楼盖、内外围护结构均使用天然可再生的木材为原材料。其结构框架体系（图3-29）使用耐久性好的胶合木搭建，围护界面采用轻型木格栅体系。邻鸥木居的建造使用胶合木18.5m³，规格材14.7m³，定向刨花板9.5m³，外围护墙板4.9m³，内围护装饰板9.4m³，木地板1.0m³，总计58.0m³木质材料。根据1m³木材约固碳0.8吨二氧化碳当量，1m³人造板约固碳1.2t，可以计算出该建筑储碳约为50.2t，可见木结构是优秀的绿色储碳材料建筑。

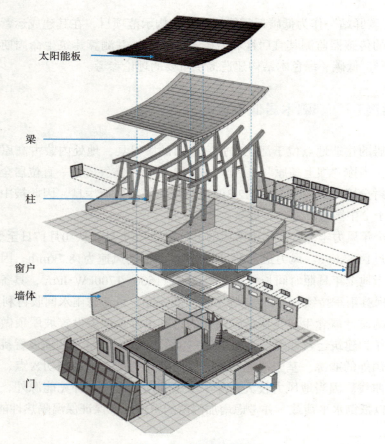

图 3-29 结构拆解图

木结构构件重量轻，加工性能好，易于连接，便于运输，非常适合采用装配化施工的建造方式。邻鸥木居项目可以通过在工厂提前预制胶合木、墙体和楼盖，现场进行吊装，将结构建造周期控制在1周左右。这种装配式的建造方式不但能有效降低能源的损耗，降低建筑成本，还能减少建筑垃圾的产生。

（2）墙体与外门窗

围护界面采用轻型木格栅，并填充聚氨酯发泡保温材料。同时，木材也是绝佳的天然隔热材料，其导热系数为0.1~0.3W/（m·K），约为钢材的1/100，混凝土的1/10。由此构成了具有良好保温隔热性能的外墙围护界面。

严寒地区考虑冬季采暖，邻鸥木居通过在檐廊处设置阳光房、采用风–光–储一体化新能源供电，使用热转换效率99%的石墨烯加热墙板进行冬季室内供暖。如图3-30所示，夏季高温天气室内制冷时，可结合阳光房的开窗形成通风隔热，从而保证室内低能耗。春秋季节则通过门窗与天窗形成自然通风。设计满足严寒地区近零能耗指标要求，达到节能低碳的目的。

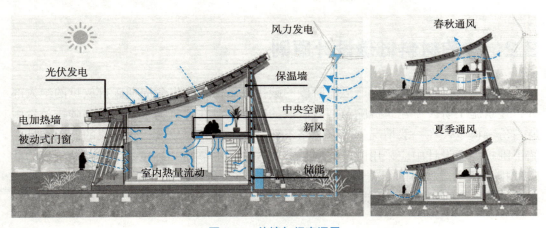

图3-30　外墙与门窗通风

（3）屋顶与外遮阳

①此项目采用了光伏屋面　利用场地丰富的风力资源和充足的阳光，在建筑屋面铺设100m²单晶硅光伏板，在迎风面安装1台3kW风力发电机，配备20度储能，实现风光互补，构建风–光–储一体化新能源体系。通过使Design Builder软件进行模拟（图3-31），全年光伏能够产生3.25万kW·h电量，风力产生0.75万kW·h电量，合计产生4.0万kW·h新能源电量，建筑全年耗电量约为1.4万kW·h，可见项目不仅实现了零能耗，还有剩余能源可输送电网。

②此项目采用了雨水收集屋面（图3-31）　屋面雨水通过天沟和雨落管进入绿地，随绿地雨水下渗进入调蓄池。雨水系统根据"渗、滞、蓄、净、用、排"的海绵城市六字方针进行建设，合理组合海绵设施实现雨水收集净化利用。绿地雨水通过海绵设施净化，经渗管、渗渠进入调蓄池，可回收再用作冲厕或洗车。

③屋面通过设置挑檐形成了檐下的阳光房空间　既可以起到光–储的作用，增加建筑可利用能源，又可以起到外遮阳的作用，减少建筑能耗。

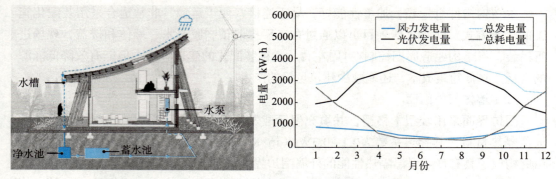

图 3-31 雨水收集与电量模拟

邻鸥木居采用可再生材料，按照寒冷地区近零能耗建筑国家标准，将被动与主动式保温隔热技术相融合，合理利用太阳能、风能等可再生能源，应用雨水收集、污水处理等水循环利用技术，建造了一栋近零能耗的低碳宜居建筑。

3.2 构造材料低碳设计原则

建筑运营阶段和建材生产运输阶段的碳排放量占其全生命周期碳排放量的绝大部分，建筑施工阶段、建筑拆除及回收阶段的碳排放量在建筑物全生命周期碳排放量中所占份额极少，在一般情况下可以忽略不计。上一节针对建筑运营阶段的低碳减排介绍了围护界面设计中应采用的一些绿色节能方法，本节则针对建材生产运输阶段的低碳减排介绍构造材料的低碳设计原则。综合来看，其核心就是降低耗材、减少运输，本着少费多用的原则进行设计。

3.2.1 控制用材总量

在建筑构造的设计与施工中，对用材的总量进行精细化控制，可以节约资源、控制成本、降低碳排。对控制用材总量的方法可有不同层面的理解：一方面可从宏观层面考虑，如对共享设施的利用、对全建造周期的综合把握；另一方面也可从微观层面考虑，如标准化材料的规格及种类，通过统筹利用材料，尽量减少材料的消耗量等。

3.2.1.1 共享周边既有设施

园林建筑通常与园林景观一体设计。城市内的园林建筑在策划选址阶段即应调研周边市政条件与可利用资源，优先共用既有的市政条件，减少建造新设施与重复投入（图3-32）。从宏观上通过减少建造而减少耗材、降低碳排。远郊区的园林建筑要尽可能地利用现有资源，选址时考虑周边村落的既有设施，减少重复建造，尽量共享。自

图 3-32　共享周边既有设施示意图

然风景区的园林建筑，因选址的特殊性，所以少有周边既有设施可以共享，通常在设计中考虑景区内部的设施共享，以及建筑本身设计中的节能低碳。

3.2.1.2　统筹利用材料

减少用材的另一个思路是通过统筹利用材料来实现资源的有效利用（图3-33）。这种方法不仅有助于减少资源浪费，还能优化建筑过程的效率和可持续性。首先，可以通过控制建筑用材的种类和规格来简化材料的加工和订货流程。例如，选择几种常用的材料规格，可以减少供应链中的混乱，并确保材料的合理利用。其次，合理控制构造节点的规格和种类也是重要的一环。精确设计和使用标准化的构造节点不仅简化了施工的复杂度，还有助于材料的统筹利用，减少因不必要的浪费而产生的成本。这些措施不仅有利于节约建筑成本，还能在环境保护方面发挥积极作用，减少建筑活动对资源的过度消耗和环境的负面影响。统筹利用材料的方法是现代建筑设计与施工中重要的考量因素之一。通过这一方法，可以有效地实现建筑行业减碳的发展目标，促进资源的循环利用和减少建筑过程中可能产生的浪费现象。

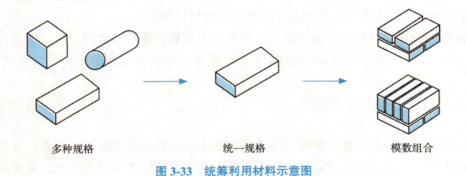

图 3-33　统筹利用材料示意图

3.2.1.3　掌控建材用量

BIM是建筑信息模型（building information modeling）的简称，是指在建筑设计、施工及整个建筑生命周期中提供并管理建筑信息的过程。BIM技术在建筑工程领域的应用日益广泛，其通过整体建模提供了全面的数据信息集成和共享平台（图3-34）。通过建立项目模型，BIM技术能够为工程提供精确的信息和可靠的依据。特别是在工程算量方面，借助建材信息的数字化和信息化管理，BIM系统能够实现对数据的实时更新、输入、修改和提取，从而有效地支持和反映各个相关职能部门的协同工作。这种精准控制建材用量的能力，不仅提高了工程的效率和准确性，还大大降低了施工过程中的浪费，显著改进工程管理。随着技术的不断进步和应用范围的扩展，BIM技术在建筑行业中的作用将进一步突显，为工程设计、施工和管理提供更为可靠和创新的解决方案。

图 3-34 BIM 技术示意图

3.2.2 鼓励就地取材

就地取材，有利于建筑生产过程中"自给自足"，可以大大降低经济和时间成本，从而简化生产的投入，加快施工的进程。

所谓就地取材，一方面是指利用本土材料、采用本土传统工艺做法；另一方面是指将其他建筑建造过程或拆除过程中所产生的废料再利用。

建造中的其他材料也应该尽量选用距离施工现场比较近的建筑材料，通常选用距离施工现场500km范围以内生产的建筑材料，以便减少材料的运输能耗。

3.2.2.1 尽量选择本土材料

尽量选择本土的传统材料作为建筑装饰的主要材料有多重好处。首先，这种做法可以显著减少建筑过程中对外部材料的依赖，从而降低成本和时间投入，减少运输过程中的资源损耗。例如，在北美地区，利用丰富的森林资源，当地民居常常采用圆木建造木屋，这不仅符合环境资源的可持续利用，也能展现特有的地方风貌。其次，选择本土传统材料还能够有助于保护和展示当地的建筑风貌和文化传统。在冰岛，因纽特人利用天然的冰雪资源建造冰屋，不仅反映了他们适应极寒环境的智慧，也成为当地文化的象征之一。福建的客家土楼则是利用夯土的方法建造，这种传统建筑不仅在材料选择上具有环保性，更是当地历史文化的重要组成部分，延续了悠久的文脉记忆（图3-35）。选择本土传统材料建造不仅能够提升建筑的地域性特色，还能为区域带

图 3-35 选择本土材料示意图

来一种独特的身份认同感，使建筑不仅仅是生活和工作的空间，更是文化传承的载体和见证。总之，这种建造方法，不仅是对当地文化和历史的尊重和延续，更是一种低碳减排、友好环境的选择。

3.2.2.2 废料再利用

可以利用当地的其他建筑余料或拆除过程中产生的废料，经过二次加工再利用，这也是一种低碳环保和资源节约的做法。例如，拆除过程中得到的砌块可以重新用来砌筑挡土墙，而拆除的瓦片可以建造瓦爿墙或用作景观设计中的花街铺地（图3-36）。此外，一些废弃的木材经过二次加工，可以成为建筑装饰的重要材料，不仅节省新材料的成本，还减少对环境的负担。这种做法不仅可以有效地减少垃圾输出和排放，还有助于延续场所的历史记忆和文化价值。通过重新利用建筑废料，可以保留原有建筑的一部分特征和故事，同时在新建设计中融入这些元素，使建筑更具独特性和可持续性。

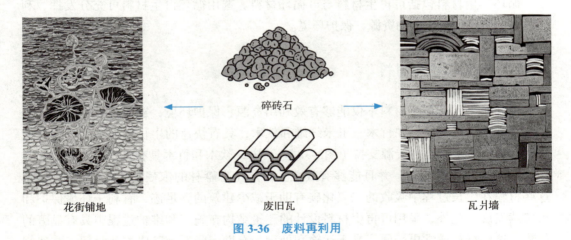

图 3-36 废料再利用

这种做法不局限于建筑领域，还可以在其他行业中推广，如艺术设计和家居装饰，通过创意再利用废料，促进资源循环利用和环境保护意识的提升。因此，鼓励和支持这种创新的二次利用做法，有助于低碳减排，建设更加可持续发展的社会。

3.2.2.3 采用本土传统工艺

可采用地区的常规工艺做法，有助于提高建造效率并确保建造品质（图3-37）。传统工艺做法在当地通常已经相对成熟，这意味着工匠们能够利用他们熟悉的技术和工

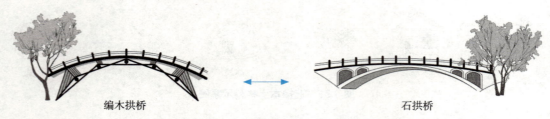

图 3-37　采用本土传统工艺示意图

具来执行工程。由于这种熟悉度，施工过程中的沟通变得更为简化，同时降低差错率。这种稳定性和可靠性有助于保障建筑的完成度，特别是在复杂项目或大型结构中尤为重要。另外，采用当地常规工艺还可以提高整体建造效率。因为工匠非常熟悉这些技术和流程，他们能够更快速地完成任务，避免因为新技术或不熟悉的方法而导致的施工延误。这种高效率不仅有助于项目按时交付，还能降低建造过程中的成本，提升整体项目的经济效益。总体而言，采用地方常规工艺做法不仅有助于建筑行业的现场管理和技术执行，还能保证建筑的质量和可靠性。这种方法不仅适用于各地的文化和资源条件，也为建筑行业的可持续发展提供了一种有效的实施路径。

3.2.3　循环再生材料

循环再生材料包括可再生材料与可循环材料。选用循环再生材料可充分发挥、利用材料的自身价值，节约资源，保护环境。

3.2.3.1　使用可再生材料

设计时采用可再生材料不仅能够有效利用资源、保护环境，还能增强材料的应用价值。这些可再生材料如竹木、玉米纤维和软木，具有快速的生长周期，这为建筑的更新改造提供了充足的资源支持（图3-38）。其中，软木和竹木具有良好的耐久性和弹性，适合多种建筑应用，并且能够有效减少对原生态森林的依赖。相较于传统材料，这些材料在生长过程中吸收的二氧化碳有助于减少建筑的碳足迹，有利于环境保护和可持续发展。此外，采用可再生材料设计的建筑结构在施工和维护过程中具有显著的优势。这些材料通常更轻便，易于运输和处理，有助于降低施工成本和时间。在建筑维修期间，采用可再生材料设计的建筑能够更加灵活地进行部件更换和更新，从而延

图 3-38　使用可再生材料示意图

长建筑的使用寿命并降低维护成本。总之，设计中引入可再生材料不仅是低碳环保的选择，还能够提升建筑的功能性和经济性，推动建筑行业朝着绿色低碳、健康可持续的方向发展。

3.2.3.2 使用可循环材料

利用有回收成分的材料作为结构主体材料，如钢材能够显著增加材料的使用周期，充分发挥其价值（图3-39）。这种做法不仅有助于减少资源消耗，还能降低环境影响。在建筑拆除和重建过程中，可循环材料的利用可以提高整体回收效率，减少浪费。此外，选用可循环的材料还能促进循环经济的发展。这些材料可以在使用寿命结束后被有效回收利用，用于制造新的建筑材料或其他产品。这样一来，不仅减少了资源的浪费，还能减少对自然资源的开采，进一步降低环境压力。这种循环利用的模式有助于建筑行业朝着可持续的方向发展，符合现代社会对资源节约和环境保护的需求。通过采用可循环材料，不仅可以降低建筑项目的生命周期成本，还能促进资源的循环利用，从而建设更加环保和经济的社会基础设施。

图 3-39　使用可循环材料

3.2.3.3 使用可降解材料

可自行降解的材料如木材、竹木、生物塑料和纤维丝等，是环保建造的选择（图3-40）。这些材料能够在建筑物的拆除和翻新过程中自然降解，减少对环境的影

图 3-40　使用可降解材料

响。相比之下，传统的建筑材料如混凝土和砖块在拆除后会产生大量的废料，处理这些废料会消耗大量资源并增加环境负担。因此，推广使用可自行降解的材料有助于减少建筑活动对生态系统的破坏，并且有利于实现可持续发展。在全球对环境问题日益关注的背景下，倡导使用可自行降解的建筑材料不仅是一种技术创新，也是对可持续发展目标的重要贡献。通过提升建筑材料的可持续性，可以实现建筑行业向更环保方向的转型，为未来建设更健康和可持续的城市环境打下坚实基础。

3.2.4 一体化设计

设计中宜采用建筑内部和外部统一的一体化设计方法，这样可以确保内外美观统一，在装饰元素、设计风格和纹理等方面做到高度一致。室内外环境的高度一致也使得设计的逻辑性变得更为明确、设计语言也更加统一，同时使得用户能够更容易地获得连续的体验。这种设计方法也有助于防止因二次拆改导致的材料浪费。

3.2.4.1 建筑设计与室内设计同步进行

从空间设计的角度来看，建筑设计和室内设计是密不可分的（图3-41）。建筑设计关注建筑的整体结构、外观和功能布局，而室内设计则注重空间的具体使用和人们的生活体验。然而，在中国，这两者往往是相对独立的过程，由不同的设计团队完成，缺乏有效的沟通和协调。这种分离可能导致建筑和室内设计之间的不一致和冲突，甚至导致后期的设计调整和资源浪费。为了解决这一问题，建议建筑设计和室内设计在项目早期阶段即紧密合作，实现设计理念和功能需求的同步，以确保设计的前后一致，避免不必要的设计修改和重复劳动。例如，通过建筑设计师和室内设计师的共同研究和讨论，可以优化空间布局、功能区域划分以及材料选择，从而提高空间的实用性和舒适性。此外，同步设计还有助于缩短项目的施工周期，减少施工过程中的材料浪费和人力成本。通过有效的协作和沟通，设计团队可以更好地满足业主和使用者的需求，提升建筑和室内设计的整体质量和市场竞争力。因此，未来在建筑与室内设计的实践中，必将采用这种前后端的协同工作模式，促进设计创新、提高效率，同时减少资源浪费，实现可持续发展的低碳设计。

图 3-41　建筑设计与室内设计同步进行示意图

3.2.4.2 建筑设计与园林景观设计风格统一

园林建筑的设计通常要与园林景观设计风格保持统一，这是为了确保整体环境的和谐与连贯性（图3-42）。园林建筑的融入不仅仅是视觉上的协调，更是对场所氛围的尊重和延续。在设计过程中，建筑师通常会精心选择材料，考虑其与周围自然环境的协调性，以及其在长期使用中的可持续性。从材料的选择到施工工艺的实施，都需要保持与园林景观设计风格的一致性，这有助于园林场所整体的美学效果和体验质量。此外，在施工管理方面，保持设计理念的延续性可以有效优化材料的采购和使用，提高施工效率，确保最终成果符合设计预期，同时尽量减少对自然环境的干扰和破坏。总之，园林建筑的设计与景观风格的统一不仅是一种美学追求，还是对自然与人文和谐共生关系的体现，更是低碳可持续设计的策略。

图 3-42　建筑设计与园林景观设计风格统一示意图

小　结

本章主要对低碳构造设计进行了概述。在以建筑全生命周期碳排放为考量的前提下，建筑运营阶段的碳排放量占据首位，其次是建筑材料生产与运输阶段。因此，建筑构造的低碳设计主要从运营阶段的减碳和低碳构造选材两方面展开讨论。针对运营阶段的减碳构造主要关注降低运营期的能耗，为此从采暖、空调、通风、照明等方面的构造设计入手分析了外墙、屋面、外门窗、外遮阳4个围护界面的绿色节能低碳设计。针对构造材料的低碳提出了4个设计原则，分别是控制用材总量、鼓励就地取材、循环再生材料、一体化设计，并且解释了其降碳减排的缘由。

思考题

1. 建筑围护界面的低碳设计包含哪些方面？
2. 构造材料的低碳设计原则有哪些？

3. 隔热屋面的低碳构造设计有哪些？保温屋面的低碳构造设计有哪些？
4. 外遮阳的低碳设计包括哪些方法？
5. 幕墙的节能设计有哪些关键点？

推荐阅读书目

绿色建筑设计导则：建筑专业. 崔愷, 刘恒, 中国建设科技集团. 中国建筑工业出版社, 2021.

生态建筑学：可持续性建筑的知识体系. 瓦里斯·博卡德斯, 玛利亚·布洛克, 罗纳德·维纳斯坦等. 东南大学出版社, 2017.

绿色建筑：生态·节能·减废·健康. 林宪德. 中国建筑工业出版社, 2007.

绿色建筑设计原理. 俞天琦. 中国建筑工业出版社, 2022.

第4章 低碳结构设计

本章提要

本章主要介绍了低碳建筑结构的设计方法。在材料选择上，应评估材料优势，选用高强材料，协同材料受力，降低胶结材料碳排放，就地取材，使用轻质材料，废料可再利用，以及采用竹木结构等。在结构低碳选型的总原则上，应考虑建筑结构一体化设计，结构反映外部形态，采用装配式建造，选择适宜的柱网和构件尺度。针对园林建筑的线性形态和空间形态，介绍了一些低碳选型方法。最后展望了未来的结构低碳选型方式。

建筑结构的低碳设计应以"最小化总体碳排放"为目标，以全生命周期为时间尺度，统筹全局进行考虑。目前，建筑运营阶段的碳排放通过被动式设计、高效能源系统、智能建筑管理系统等方法得到了有效控制，并在逐步推行近零能耗方式。相比之下，建筑材料的生产阶段、运输阶段以及建筑施工阶段的碳排放在全生命周期碳排放量中的占比越来越高。因为每个建筑的生命周期有所不同，为科学、客观地衡量建筑碳排放，通常使用单位面积年平均碳排放量为计量标准$[tCO_{2-e}/(m^2 \cdot a)]$。由此可见，通过少量的材料用量获得结构寿命的延长，即可降低单位面积年平均碳排放量，这无疑是一种有效的减排措施。因此，通过结构的合理选型而提高结构效率、减少材料用量，是低碳结构设计的关键。

提高建筑结构效率可理解为采用合理的方法和措施，在结构性能不变的情况下，使得结构材料用量降低；或在结构材料用量不变的前提下，使得结构的性能得以提升。总之，低碳结构设计的核心就是用最少的材料做最高效的结构。

另外，通过合理的结构选型，结合结构美学，展现结构构件及材料的装饰功能，进而减少装饰材料的消耗，这也属于低碳的结构设计范畴。结构低碳选型的重要原则之一就是建筑结构一体化设计,通过结构之美表达建筑意向。其实,对结构合理形态的探索也一直是结构工程领域的重要课题。纵观诸多经典建筑案例,无不体现了使用功能、优美形体与合理选型的协调一致。

除此之外,建筑低碳结构设计中还有一些需要根据工程自身特点考虑的因素。如在地震或泥石流多发地区,建筑的工程选址应尽量避让地震带和地质灾害危险区域。在风、雪荷载较大的地区,应谨慎使用柔性结构。在沿海腐蚀性强的地区,要谨慎使用钢木结构,可优先考虑钢筋混凝土或型钢混凝土结构。因为就抗腐蚀性而言,混凝土结构具有优势;从耐久性角度看,钢筋混凝土或型钢混凝土结构在全生命周期低碳数据上更优越。

本章将主要从结构材料选择与结构选型两方面介绍建筑低碳结构设计。

4.1 低碳结构材料选择

已有研究表明,在建筑的全生命周期中,运行期的碳排放占比最大,而在材料制造阶段次之。但是,与建筑的全生命周期相比,材料制造周期越短,碳排放越密集。此外,在建筑运营过程中,随着低碳绿色节能建筑的推广使用,运营后期的建筑碳排放将逐渐减少,从而使得建筑材料制造过程中碳排放所占的比例越来越大。因此,通过合理选择材料和减少材料的使用量,可以有效减少建筑的碳排放。

目前大部分对建筑全生命周期内的碳排放进行的研究都是基于材料消耗而对整体碳排放产生重要影响的材料。其中包含结构材料,如钢筋混凝土、钢材;也包含非结构材料,如玻璃、保温隔热材料等。根据研究数据,对于钢筋混凝土或者钢结构建筑来说,对其全生命周期内的碳排放量进行统计,发现结构材料的碳排放量在各类建材中的占比达到70%,非结构材料则约占30%(任庆英,2021)。

本节将主要从结构选材方面,讨论建筑结构的低碳设计。

4.1.1 评估材料优势

选用结构材料时,首先要充分评估材料的性能优势,结合工程设计条件、工程特性等因素,对建筑主体材料进行选择。同时兼顾材料适用的结构体系选型,使各种材料的受力特点和优点得以充分发挥,以达到提高结构效率的目的。

降低碳排放量需要减少结构材料的用量,使用受力性能和耐久性好的材料是降低材料用量的一个重要途径。例如,结构受力构件采用高强钢筋和高强混凝土,可以减小构件截面,使得梁柱尺寸在保证受力安全的前提下,更加经济合理,同时还能提高室内空间的净使用面积。高性能、耐久性好的材料还可以有效地延长建筑的服务寿命,降低后期运营维护费用和能源消耗,从全生命周期看,也具有减少碳排放量的作用。

4.1.2 选用高强材料

采用高强度材料可有效降低建材用量，进而达到节能减排的目的。但是在园林建筑设计中，还应综合考虑其体量与受力特点，在结构材料的高强度和合理性上平衡考虑进行选择。

针对不同的结构材料，节约材料和减少碳排放的方法如下：

①**合理选用高强度混凝土** 高强度混凝土含有大量的碳。虽然增加标号可以在某种程度上降低水泥用量，但盲目提高标号会导致碳排放增加。因此，在保证结构安全性的前提下，选用适宜强度的混凝土，可以使建筑总排放量降至最低。尤其对于园林建筑来说，在体量小、荷载低的设计中，在选择高强混凝土时，应该根据设计要求，将混凝土强度列入碳排放因素评估中，通过全面的评价最终选出适合方案的混凝土强度。

②**合理选用高强度钢筋** HRB400和HRB500级的钢筋是目前广泛应用的主受力钢筋强度等级。其中，HRB400级的钢筋已有非常成熟的工程应用经验，可以作为结构受力钢筋普遍地用于各种钢筋混凝土结构构件中。而强度更高的HRB500级钢筋，根据已有的研究成果和工程应用，建议将其应用在竖向受力的结构构件中作为主受力钢筋，如墙体和柱子；或将其运用在水平受力构件中，并结合预应力技术，既能有效地控制混凝土的开裂，又能节约材料。

③**适当选用高强度钢材** 例如，采用Q460等级或更高等级的钢材。对于钢结构的受压构件来说，使用高强度钢具有显著的节材降碳优势。当受压构件长细比不超过50且由稳定性控制的情况下，使用高强度钢材同样具有很好的节材效益。但对于梁这类受弯件，在应用高强钢材时，还应结合结构的延性要求综合判定。因为使用高强钢材后，梁截面刚度降低、板件厚度减小、局部稳定能力下降、延性变差，所以选材时要均衡考虑。

4.1.3 协同材料受力

建筑结构材料的选用有时并非单一种类，对于组合结构来说，通常需要选择两种以上的材料组合受力。

例如，钢-混凝土组合结构就是由钢材和混凝土两种材料组成的结构材料，此时的结构材料强度选择中需要考虑二者的匹配度，让所选择的钢材与混凝土在受力时能够同时达到极限强度，方能充分发挥每种材料的受力性能，节省材料，利于降碳。在材料匹配时，整体上应该是"高配高"的。

园林建筑中钢木组合结构也有较多的应用。木材与钢材的比强度（比强度=强度/重度）相当，均是轻质高强材料，施工中也都采用现场装配式的做法，因而二者有较好的材料匹配度。其中，木材的强度和弹性模量约为钢材的1/15，因此钢木组合结构中钢材通常用在受力较大的构件或者连接节点处。木材的抗剪强度仅为钢材抗剪强度的1/80，因此木材要避免使用在承受较大弯矩处。由于钢、木二者的力学性能相差较大，如果做成钢木组合截面，则以钢材受力为主，木材主要起装饰和防火作用。因此，像钢木组合结构中的材料协同受力，整体上是"因地制宜"的匹配原则。

4.1.4 降低胶结材料碳排

传统的胶结材料水泥在高温焙烧过程中需消耗大量能量并产生巨额碳排放量。因此，改用低碳替代胶结材料或发展新型低碳胶结材料，对于结构降碳具有重要意义。

混凝土的最大碳排放源是其胶结材料水泥，其碳含量超过95%。因此，混凝土材料的降碳主要取决于胶结材料水泥的占比。现有的研究与工程实践表明，可以采用粉煤灰、炉渣等工业废弃物作为辅助胶凝材料，这样能显著降低混凝土的碳排放量。在不同级配混凝土中，采用合适的水泥、粉煤灰和炉渣配比，可以降低单位体积混凝土的碳排放量。

近年来，国内外提出了多种基于天然原料的黏结剂，如生物高分子、细菌矿化黏结剂及酶矿化黏结剂等。然而目前利用各类天然基黏结剂黏结沙粒及其他固体颗粒所形成的块材强度普遍较低，难以满足实际建筑需求。自然界中，沙塔蠕虫通过分泌复合有正电性蛋白与负电性蛋白的黏液黏结沙粒构筑坚固的巢穴，中国科学院理化技术研究所仿生材料与界面科学重点实验室的研究人员受此启发，引入正电性季铵化壳聚糖与负电性海藻酸钠形成仿生天然黏结剂，实现了对于沙粒、矿渣等各类固体颗粒的牢固黏结，并最终在低温常压条件下形成高强度低碳建筑材料。该天然基仿生低碳新型建筑材料的抗压强度高达17MPa，可达到常规建筑材料要求标准，此外，该天然基仿生低碳新型建筑材料具有优异的抗老化性能、防水性能以及独特的可循环利用性能（徐雪涛，2023）。我国科研人员在胶结材料方面的科学创新，也为建筑业的绿色环保提供了支撑。

4.1.5 尽量就地取材

低碳结构设计应尽量就地取材，就地取材在减少材料运输过程中碳排放的同时，还能促进当地经济和可持续发展，可谓一举两得。

例如，生土材料就是一种典型的就地取材建筑材料，它不仅具有良好的节能特性，而且碳排放量非常低。

生土结构是一种在中国具有历史悠久、运用广泛的传统建造技术。如黄土高原的窑洞、福建的土楼、青藏高原的碉楼，以及新疆的喀什古城等。

生土材料具有一系列优点：①生土材料可就地取材，因地制宜建造；②生土材料具有突出的蓄热性能，使得房屋室内冬暖夏凉；③生土材料还有"呼吸"功能，可有效调节室内湿度与空气质量；④生土材料有可再生性，房屋拆除后生土材料可反复利用，甚至可作为肥料回归农田等。

如王澍在中国国家版本馆杭州分馆（图4-1）的设计中，使用了生态可持续的夯土墙作为墙面，夯出高逾10m的墙体，是国内夯土技术领域上的一个探索极致。夯土筑城的技术早在5000多年前的良渚就已经应用，不同的是，中国国家版本馆杭州分馆中的夯土墙是以颗粒学为基础，用现代机械制作的纯生态新型夯土，除了土、沙子和水，没有任何添加物，建造材料可以就地取材，并且废弃后材料也可以完全回归大地，不对环境造成任何污染。采用夯土墙既是对当地历史文化的呼应，也是低碳设计的典范案例。这种夯土是王澍团队和联合国教科文组织在法国的生土研究所深度合作研发的。王澍带领团队先通过试验找到最合适的土沙水配比，而后在施工现场培训工匠如何配方、如何砌墙。工人们一试再试，在建造细节上精益求精、追求完美，建造中处处都凝结着现代工匠的心血和智慧。

图 4-1　中国国家版本馆杭州分馆（引自《建筑学报》；摄影：吉云）

4.1.6　采用轻质材料

建筑物的自重包括建筑结构材料的自重与装饰围护材料的自重。通过采用轻质材料可以适当减轻自重，减小下部承重构件的尺寸，提高净空间使用面积，从而起到节材减碳的作用。如图4-2所示，白色大理石砌筑的泰姬陵，因材料自重大，导致竖向受力构件的截面尺寸必须足够大以支撑上部荷载，因此建筑显得厚重而稳固，整体用材量大。而采用了现代膜结构技术的水立方，充分利用了材料的高强度和轻质特性，使得建筑在大跨度的情况下依然能够保持稳定，既节约了材料，又保证了结构高效。

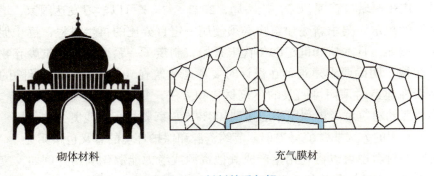

砌体材料　　　　　　　　　充气膜材

图 4-2　材料的重与轻

另外，对于如观景塔一类的高耸园林建筑来说，随着建筑高度的增加，建筑自重所产生的地震作用力呈现非线性上升趋势，并随着建筑物高度的增加而增加。采用轻质结构材料，减轻建筑物的重量，是减少地震作用和节约建筑材料的一种行之有效的方法。

4.1.7 废料可再利用

着眼于建筑的全生命周期，提高建筑拆除后废弃材料的再利用率和回收率，能够有效减少材料的消耗，以减少建材制造过程中的碳排放。废弃建材的处理主要有回收再生产为新的建材、回收再利用为其他资源和废弃物能源化再利用（图4-3）。

图 4-3 废料再利用

建筑废弃材料中的一部分可通过回收再生产为新的建材而进行循环再利用。例如，结构材料中的钢筋、型钢、铝合金型材、木材、混凝土、砖瓦等，均可重新再利用。其中，废混凝土、废砖瓦经处理后可制成再生骨料用于制作混凝土砌块、水泥制品和配制再生混凝土。废木材也可用来制造人造木材和保温材料。

目前，回收从旧建筑拆除下来的固体废弃物，制作成新建筑材料在技术上完全可以实现。美国、德国等欧美发达国家建筑废物综合利用率或循环利用率在90%以上，而日本、韩国等亚洲发达国家建筑废弃物处置率均在95%以上。但是国内相关推广机制尚待完善，回收再生建材使用较少，深圳、上海等城市建筑废弃物综合利用率或资源化利用率可以达到50%~60%，多数城市的建筑废弃物最终变成建材垃圾，造成了较大的碳排（广州市城市管理和综合执法局，2023）。未来可以学习发达国家，增加"建材回收率"的规定，要求新建建筑物必须使用一定百分比的再生材料，逐步促进建材的再利用。例如，日本从20世纪60年代末开始，制定了一系列促进建筑废弃物资源化的法律、法规。明确要求建筑师在设计时要考虑建筑在50年或100年后拆除的回收效率，建造者在建造时采用可回收的建筑材料和方法，尽量做到建造零排放等。如今，日本很多地区的建筑垃圾再利用率已达到100%（东京奥林匹克残奥会准备局，2016）。这种回收再利用的方式非常值得提倡，节约资源和保护环境的意义也很明显。

建筑废弃材料也可以再利用生产成其他资源或考虑能源化利用。例如，废木材可作为造纸原料，也可以作为热力能源。

4.1.8　使用竹木结构

竹结构和木结构具有绿色生态和节能环保的特点，竹子和木材不仅是可再生的建材，而且这类亲自然的材料作为建筑材料也能够产生良好的宜居性。但是，在选择竹材和木材作为建筑主体材料时，还应该考虑材料来源与运输可能增加的碳排放量，防火性能和耐久性所产生的后期运营维护的碳排，以及成本等各方面的因素。

4.1.8.1　木结构

木材是可再生、生态、环保和气候友好的材料。木结构在我们国家传统园林古建中也有悠久的历史。

从材料生态性方面来看，$1m^3$的林木能吸收1t二氧化碳，同时能释放730kg氧，并储存270kg碳，因此木材的碳排放因子是负值。研究显示，与传统结构材料（如钢、混凝土）相比，木结构建筑在材料生产阶段可减少48%~95%的碳排放，并在整个寿命期内实现8%~14%的减排（任庆英，2021）。

从建造方面看，木结构适合采用工业化的建造方法，快速装配能够节省成本。由于工厂高度预制化，施工时间可以缩短80%。例如，一座五层楼高的混凝土建筑通常需要1年时间完成，而使用木材则可以在10周内完成。另外，使用工业化的木结构建造方法，可以使运输成本减半。一方面，原材料比传统的建筑材料轻，而且可以就近生产；另一方面，木材组建可以在工厂预安装完成，部件的数量减少，减少了运输的次数。因此，采用木结构可以提高生产效率，减少人员浪费，缩减运输次数，节省开支，从而达到建造过程中降碳的作用。

木结构的搭建灵活性高，后续使用中扩建、翻新改造均较容易。木结构拆除后也可以回收利用做其他材料，如制作纤维板。最终废弃的木材还可以用作生态燃料，替代化石燃料，这也可以带来积极的环境效应。因此，从全生命周期来看，木结构的使用寿命长，减碳效果好。

4.1.8.2　竹结构

中国是世界上最主要的竹产地，竹材产量居世界首位，竹子种类已知有39属500余种，竹林总面积约为420万hm^2（谭刚毅，2014）。然而，我国现阶段在建筑方面对竹材的利用较少，水平也较低。现今大多数竹建筑都是少数民族地区的民居，并处于逐渐被淘汰的阶段。目前较为常见的竹建筑也大多是度假村、农家乐类型的竹亭、竹楼和竹屋，其设计建造的质量和工艺都处于低廉粗糙的水平。

竹材的收缩量非常小，而弹性和韧性却很高，这是一般木材所不及的优点。竹材硬度大，其耐磨性与混凝土接近，大大强于木材。竹材具有优异的力学性能，其静曲强度、弹性模量、强度是一般木材的2倍，尤其是刚竹，其顺纹抗拉强度最高可达280MPa，几乎相当于同样截面尺寸普通钢材的1/2。竹材的强重比高，顺纹抗压、抗拉强度高，物理性能与钢材类似，有"植物钢筋"的美称。

随着现代建造技术的不断进步，竹结构的形式逐渐突破了对传统木结构形式的简单模仿，脱离了传统梁架结构、三角桁架结构的局限，出现了许多造型极具想象力的空间结构，竹材优良的材料属性得到了更好的运用，竹结构的潜力得到了更为全面的展示。而且，竹材本身作为自然材料与场所有着天然的契合，尤其适合园林建筑使用。

从材料生态性方面来看：1t竹材生长过程中释放1.07t氧气，吸收1.47t二氧化碳；生产1t普通硅酸盐水泥熟料排放1t二氧化碳、0.74t二氧化硫和130kg粉尘；生产1m³钢材，排放5320kg二氧化碳（谭刚毅，2014）。而在生产普通硅酸盐水泥和钢材的过程中，还需消耗大量如石材和矿产等不可再生资源。总之，在环境污染和能源利用方面，竹材对环境的影响较之现代建筑建造的主要原料（钢材和水泥）要小，是一种极具环境和生态效益的材料。

图4-4所示为南宁国际园林博览会昆山园中的茅草棚采用了竹结构。主体结构借助竹材的受弯性能一次成型，减少二次加工过程带来的污染与浪费，屋顶饰面采用当地芦苇、茅草进行绑扎后直接安装。

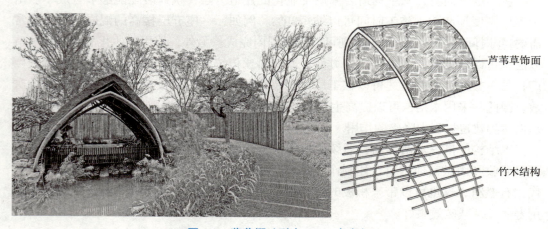

图 4-4　茅草棚（引自 dasso 大庄）

4.2　低碳结构选型

结构设计中，选型对结构合理性乃至材料用量影响最大。根据建筑条件，选择适合的体系可最有效地提高结构效率，实现材料用量、碳排放量最优。

在中国古典园林建筑的设计中，"造骨"与"画皮"是统一的，结构即建筑、建筑即结构。现代园林建筑其实仍旧传承这样的特点，唯一不同的是新型的材料与构造技术让"画皮术"大行其道，掩埋了"造骨"的技术逻辑。未来，在国家提倡低碳建造的时代背景下，希望设计师能够在方案形成过程中考虑合理的结构选型，让建筑形式上遵循结构逻辑，去除冗余装饰，甚至可以适当地将结构构件材料明露，这样不仅可以使建筑体验者对建筑产生完整的认知，也能引导人们欣赏并认可低碳建造的美学形态。

4.2.1　结构低碳选型总原则

结构低碳选型的总原则主要包括：建筑结构一体化设计、结构自身反映外部形态、推荐装配式建造、采用适宜的柱网和结构构件尺度适宜5个方面。

4.2.1.1　建筑结构一体化设计

建筑结构一体化设计是指在设计初期就将所有相关因素综合考虑，通过建筑与结构的无缝对接，提高设计的效率和性能。这种方法可以减少后期的修改与二次装修，一方面降低了建筑材料的消耗量，另一方面也促进了建筑师更多地协同思考建筑的形态与结构的合理性之间的逻辑关系。这样既节约了资源又降低了碳排放。

图4-5所示为由goa大象设计执行"全生命周期的一体化设计"的杭州天目里园区。整个园区的建筑均采用清水混凝土营造，这既是其重要的设计特色，也是其最大的工程挑战。由于清水混凝土的材料特性，营造必须一次成型，施工过程中的钢筋下料图、模板加工图、管线布设图等均需同时满足建筑效果与功能的要求，结构、机电设计需要结合建筑外观效果统一考虑。整个项目的竖向清水混凝土墙体浇筑达到毫米级的施工精度，并最终呈现出外立面"丝绸般"的质感。在建造的过程中注重细节、一丝不苟，将建筑当成工艺品来打造，发扬了现代工匠精神。室内采用了结构露明，避免了二次装修带来的多余碳排。

图4-5　杭州天目里园区（引自有方空间；摄影：Wen Studio、goa 大象设计）

4.2.1.2　结构自身反映外部形态

一些小体量园林建筑的形态本身即结构骨架的反映。在建筑创作中，结构不仅是作为技术性的承重骨架，还可以用来表达更多的设计意图和美学价值。如果建筑师将结构自身作为建筑形态表现的一部分，结构的受力逻辑与建筑的形态统一和谐，这样既可以省略建筑在结构外做不必要的装饰，也增强了对建筑原真性的反映。这种设计方法强调了结构与形态之间的互动关系，即结构不仅反映了建筑形态，甚至能塑造或增强建筑形态。但这种设计方法对建筑的一体化设计、施工工艺要求较高。

图4-6左图所示为贝聿铭设计的香港中国银行大厦示意图，其采用了空间桁架筒体结构体系。建筑立面上的斜向视觉元素本身就是结构受力构件，设计中将结构构件作为建筑形态表现的一部分，结构受力逻辑与建筑的外部形态表达一致。而图4-6右图所示为伍重设计的悉尼歌剧院示意图，这是一个外部形态表达忽略结构合理性的典型案例。起初，在设计方案阶段未考虑后续的支撑与建造问题，后期的立面效果凭借结构技术多次试验与探索才建造完成。最终，工期与成本都大大超出预期。

图4-6　香港中银大厦与悉尼歌剧院示意图

4.2.1.3　推荐装配式建造

装配式建造对于缩短建设周期和减少废弃物排放量有着重要的意义，在园林建筑的设计中也有其适合的应用场景。

①装配式建造适用于采用标准化与构件化形式语言表达形态的建筑，通过模块的集成化缩短建造工期，减少建造过程中的碳排放[图4-7（a）]。例如，公园内的公共卫生间就可以采用这种建造方法，从而在短工期内实现建筑功能。

②装配式建造也适用于使用年限不长，或者具有临时性的，或者后期存在变化与维护可能性的景观建筑。这类建筑常常构思精巧，采用装配式建造既能达到结构的精准度，又便于组装与拆除。如Thomas Heatherwick在纽约设计的标志性楼梯建筑[图4-7（b）]就采用了装配式的钢结构，现场进行吊装施工。此类景观建筑对于结构受力有着较大的要求，因此装配式建造能够更加精准地完成每个元件，同时也便于组装和拆除，以及拆除后的建材废物再利用。

③装配式建造还适用于现场施工与交通运输不够便利的景观建筑。尤其是一些自然风景区内的建筑施工，通过预制的建造方式减少运输次数，缩短工期，改善施工条件。如约格·康策特设计的特拉弗西桥[图4-7（c）]位于瑞士，横跨维亚马拉河大峡谷，这里自然风光秀丽，地理环境险峻，为了减少现场作业采用了装配式的建造方法。桥身经过设计优化采用了三弦木桁架，将桥的主结构材料用量与自重控制在直升机最

（a）　　　　　　　　　　（b）　　　　　　　　　　（c）

图 4-7　装配式建造

高荷载4.3t的限制范围内，而后在工厂进行预制，再由直升机直接运输吊装。既解决了现场地面运输困难的问题，又减少了运输次数，减碳的同时保护了自然风貌。另外，桥的主结构在纵横两向上稳定，且保有一定的冗余，桥下的杆件和横梁可以像大提琴弦一般依次拆下更换。这种可拆换的装配式构件节点做法也使得木桥的后期维护更新简便，延长了木结构的使用寿命。

4.2.1.4　采用适宜的柱网

大量的工程实例证明，柱网尺寸是决定建筑物经济性能和使用性能的重要因素。柱网尺寸太大或太小都不够经济，不利于低碳建造（图4-8）。

图 4-8　采用适宜的柱网

在进行柱网布置时，要从建筑功能、定位、总高度和楼层高度及结构设计要求等方面进行综合分析。从已有的工程经验来看，不同的建筑类型，其柱网的适宜尺度不同。例如，商业建筑的柱网尺度宜取大一些，以9.0~12.0m为宜；车库的柱网尺度与停车位的尺度要相适宜，以8.4~9.0m为宜；园林建筑的柱网尺度宜适中，以6.0~8.1m为宜。

4.2.1.5　结构构件尺度适宜

构件的尺度适宜是指构件尺寸既要满足结构合理性，又要具有与建筑物功能及设备体系相适应的综合性能（图4-9）。

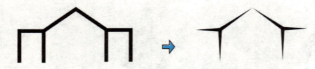

图 4-9　结构构件尺度适宜

结构的合理性是指从受力上看高效且安全。主次梁板一类的结构构件，在设计中取用构件尺度的时候，应参考其经济尺度比。例如，钢筋混凝土结构中梁的经济高跨比以1/18~1/8为宜；钢结构中梁的经济高跨比以1/30~1/15为宜。构件的截面还可以按照内力变化优化配筋，采用变截面梁板等。

建筑功能和设备系统运行对构件尺度也有要求，在取用构件尺度时也应一并考虑。例如，在建筑功能中需要增大建筑净空高度时，解决方法就是适度压缩梁截面尺度从而增加有效的使用净高；而如果是因为设备管线导致净空高度不足时，解决方法则可以适当增加梁高以满足设备部分管线的穿越，从而获得有效的使用净高。在满足使用净高要求的条件下，采用技术手段降低楼层高度，进而减少建筑材料的碳排放，以及建筑运行期的碳排放总量。

4.2.2　园林建筑线性形态的结构低碳选型

在园林建筑中涉及线性形态的主要包含：景桥、栈道、空中连廊……这一类连接两点的构筑物（图4-10）。这一形态从立面上看，主要分为直线形态与曲线形态，其中曲线形态又可以分为上凸和下凹两种。结合结构受力特点，直线形态主要通过梁板来实现，曲线形态则主要通过拱或索来实现。

图 4-10　线性形态的园林建筑

4.2.2.1　直线形态

梁桥是特殊的建筑物，要求设计师对结构体系、力学关系有更好的把握。

梁的抗弯强度是指梁在荷载作用下产生弯曲变形抵抗破坏的能力。弯曲正应力是控制梁弯曲强度的主要因素，弯曲正应力的计算公式如下：

$$\sigma_{max} = \frac{M_{max}}{W_z} \leqslant [\sigma] \tag{4-1}$$

式中　σ_{max}——弯曲正应力；
　　　M_{max}——最大弯距；
　　　W_z——截面抵抗矩；
　　　$[\sigma]$——允许正应力。

可见，要提高梁的承载承力，应从两方面考虑：一方面是合理安排梁的受力情况，

以降低 M_{max} 的值；另一方面是采用合理的截面形状，以提高 W_z 的数值，在材料用量一定的情况下可以使梁承受较大荷载；在承受一定荷载的情况下，可以节约材料，达到经济、减碳的目标。

在此着重介绍设计中具有高效抗弯性能的梁截面形式。

根据梁截面的应力图（图4-11）可知，梁中下边缘受拉最大，上边缘受压最大，在梁的中间处既不受拉也不受压，梁的中间层不受力。由此可见，合理的梁截面形状，应使梁在截面面积相同，即材料用量相同的情况下，减少在中性轴附近处的材料用量，而把大部分材料布置在距中性轴较远处，以取得较强的抗弯能力。工程中同时考虑构造要求和施工的方便，梁的截面常采用矩形、工字型、箱形和圆形等截面形式（表4-1）。

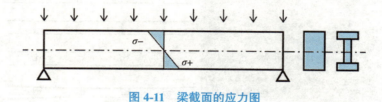

图 4-11　梁截面的应力图

表 4-1　截面面积相同的几种截面抗弯截面系数的比较

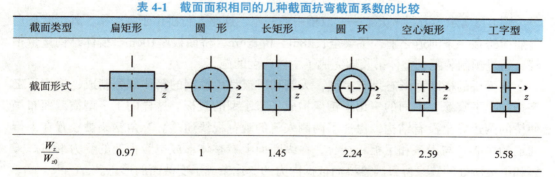

截面类型	扁矩形	圆形	长矩形	圆环	空心矩形	工字型
截面形式						
$\dfrac{W_z}{W_{z0}}$	0.97	1	1.45	2.24	2.59	5.58

分别计算截面面积相同的几种截面的截面抵抗矩 W_z，其中空心截面的壁厚相等，矩形截面取长边是短边的1.5倍。最后，以圆形截面的截面抵抗矩 W_z 作为 W_{z0}，通过 W_z/W_{z0} 得到这几种截面的抗弯截面系数，列于表4-1中。从表中可以看出，工字型截面和空心截面梁的抗弯能力强，因此工字型和空心截面是提高梁抗弯强度的合理截面。同一根梁的放置方式不同，它们的抗弯能力也不同，矩形截面梁"立放"时的抗弯截面系数大于其"平放"时的抗弯截面系数，所以常见的矩形截面梁通常是截面高度大于截面宽度的截面形态。

通过上述分析，可以得到梁截面形式对抗弯性能影响的结论（图4-12）：工字型优于空心形，空心形优于长矩形，长矩形优于圆形，立放优于平放。另外，在跨度较大时，可考虑使用桁架，立体桁架优于平面桁架。

值得注意的是：在确定梁的截面形状与尺寸时，除应考虑弯曲正应力强度条件外，还应考虑弯曲切应力强度条件。因此，在设计工字型、空心形、T字形与槽形等薄壁截面梁时，也应注意使腹板具有一定的厚度。

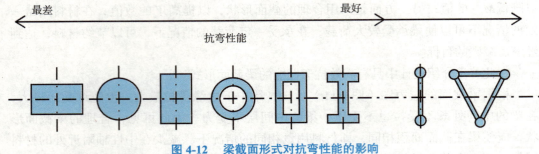

图 4-12　梁截面形式对抗弯性能的影响

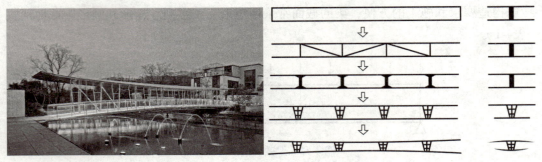

图 4-13　万科·大家——双桥（照片引自地产线）

图4-13所示为万科·大家——双桥中的一座，这座人行桥位于庭院中，外形犹如乌篷船横跨在一条河道之上，桥梁全长28m，桥宽4m，桥面板厚10cm。桥体结构重量很轻，通过预制装配、整体吊装即完成了主体跨度的施工。

该梁桥的横断面形态呈工字型，天篷和甲板都由预制的箱体部分制成，构成了工字型的上下翼缘，中间的三角形钢架构成了工字型的腹板。这样的工字型横截面布局使桥的两边完全没有结构，保证了两侧人流的观览视线通透。三角钢架被放置在人行通道的中心，与天篷和甲板相结合，在纵断面上看整体形成空腹桁架的受力形态。天篷和甲板所处的翼缘位置因悬挑而依据内力的变化做成了变截面的形态。

这座桥从材料运输到施工，从整体选型到截面细部形态都体现了节材低碳的巧妙构思，用科学创新理念引领绿色低碳建造，是结构自身反映外部形态，用最少的材料做最高效结构的优秀案例。

4.2.2.2　曲线形态

（1）拱

通过对等跨、等荷载的三铰拱与简支梁截面受力比较可见（图4-14）：拱的弯矩小于梁的弯矩；拱的剪力小于梁的剪力；拱截面内存在有较大的轴力，而梁中是没有轴力的。

因为梁是通过截面的高度以抵抗跨越空间所产生的弯矩，所以跨度越大，梁的截面越大。同时在同一断面上，上部是受压区，下部是受拉区，受压与受拉的混合使得材料不能充分发挥受力优势。与之相比，拱结构的优势在于通过提高矢高以抵抗跨越空间所产生的弯矩，截面处的材料都是受压为主，大大提高了材料的利用率。因此，

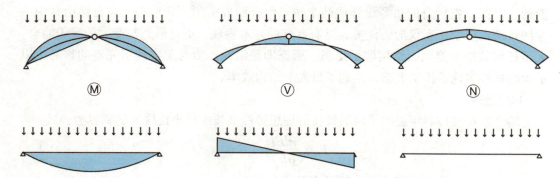

图 4-14　等跨且等荷载的三铰拱与简支梁截面受力比较

在实现线性大跨的时候，拱的形态比梁的形态对材料的利用率更高。甚至在材料方面上，除了可以选择拉压性能均好的钢、木、竹材外，还可以使用抗压较好的砖、石、混凝土类材料。

因此，对于上凸的园桥形态来说采用拱结构是比较合理的结构选型。对于拱桥来说，拱的形态按照合理拱轴线来设计，拱的受力为纯受压，可以实现最薄的拱券厚度，做到材料最优。如果拱桥的形态不能按照合理拱轴线来设计，那么可以按照内力图将拱券厚度做变截面设计，从而达到节材减碳的目的。

瑞士工程师罗伯特·马亚尔设计的瑞士萨尔基纳山谷桥（图4-15）主跨90m，全长133m，桥宽3.5m。桥梁的整体形态舒展轻盈，犹如一弯细月横跨山谷两侧。

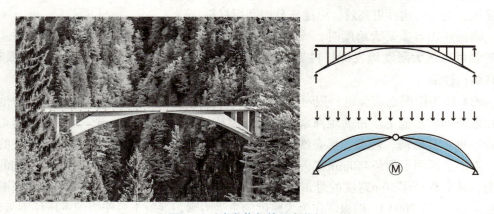

图 4-15　瑞士萨尔基纳山谷桥

萨尔基纳山谷桥整体结构采用了三铰拱。三铰拱是静定结构，其优点是温度作用小。当季节温度变化时，桥梁沿长度热胀冷缩，3个铰点的结构使得拱顶自由地上下微动，释放温度应力，3个铰接点也保证了截面的3处零弯矩位置，这从结构上来讲是有利的。

从三铰拱的受力弯矩图可看出，在全跨对称均布荷载的作用下，三铰之间所夹的两段拱券的弯矩分布呈现梭形。在非对称的半跨均布荷载的作用下，三铰之间所夹的两段拱券的弯矩分布仍呈现梭形，只是弯矩的正负值发生了改变。而无论正负弯矩，在形态设计中都是可以通过增大截面高度来达到提高截面惯性矩，从而来提高抗弯性能的。马亚尔把桥身的拱券设计成两个梭形组合而成的细月牙形态,在自然山林中一弯细月跨在空中,不仅形态优美,具有良好的艺术表现,更是形态与受力的完美吻合,无须任何装修来隐藏,结构即是形态、形态即是结构,力与美实现了完整的贯通,以最少的材料实现了桥梁形态,达到了最大的结构效率。

(2) 悬带

瑞士欧拉在1744年提出了两端铰接的理想弹性细长压杆小挠度下的临界力公式:

$$P_{cr}=\frac{\pi^2 EI}{(\mu L)^2} \qquad (4\text{-}2)$$

式中　P_{cr}——临界力(即失稳时的最小载荷);

　　　E——材料的弹性模量;

　　　I——杆件横截面的惯性矩;

　　　L——压杆的有效长度;

　　　μ——长度系数。

这是压杆稳定计算与应用的理论基础。这一发现说明,受压构件可能在尚未全截面发挥材料强度时先发生受压屈曲,导致构件破坏。而受拉构件则因为不存在屈曲问题可以充分发挥全截面抗拉强度,因此,从受力上看,让构件受拉要比让构件受压更高效。一个承受均布荷载的混凝土拱可以跨越数千米,而一个承受同样均布荷载的悬索则可以达到更大的跨度。所以,采用张力结构除了可以实现更大的桥梁跨度,也可以反过来大大地降低中小跨桥梁的构件截面尺寸,减少材料用量。可见,受拉的构件比受压、受弯的构件更高效,更能充分地利用材料。

园桥跨山谷需要大跨度时,或亲近水面需要下凹形态时,均可以考虑做索桥。受拉的索可以最大限度地发挥材料受力特性,实现大跨度的同时将结构自重减到最轻,提高结构性能。

图4-16为德国恩茨奥恩3号步行桥,它是一座50m跨度的预应力悬带桥,轻盈地横跨在恩茨河的水面上。桥面距离水面很近,整桥桥身厚度仅140mm,远看桥面薄得几乎看不见。其纤薄、轻柔、形态洗练的外形设计关键就是大跨度的薄桥面,此桥的结构处理上是采用了两条480mm宽、40mm厚的预应力钢板带张拉后锚固在河岸两端的桥台上,从而保证了50m跨度的悬带下垂度仅有800mm,而后上铺100mm厚的预制混凝土板(博格勒,2004)。钢板带作为大跨度的主受力索,混凝土板作为配重压住钢板带,

图4-16　德国恩茨奥恩3号步行桥

使其保持一定的形态，二者形成复合受力体系。无论是从力学还是视觉上看，形态都是无与伦比的简洁，纤薄、轻柔、洗练的外形诠释了结构设计的少费多用。

4.2.3 园林建筑空间形态的结构低碳选型

空间形态的园林建筑，通常采用框架结构体系或者墙体承重结构体系做结构布置，在常规尺度下按照经济尺度比进行设计即可。本小节主要讨论覆盖面积大、跨度较大的一类园林建筑。如在大门、广场、码头、站台等人流量集中聚集的位置设置的具有遮阳、避雨、赏景、集散等功能的遮蔽构筑物。这类构筑物，重点强调屋面的遮风挡雨的覆盖作用，同时为满足人流在下部的聚集需要，不能设置过多的墙柱类承重构件，需要既满足"宽"的覆盖要求，又要满足"轻"的形态特征。另外，现代园林中的会展、博览、鸟舍、温室等类型的建筑设计中也需要内部通行顺畅的大空间。因此，这一类园林建筑都具有少材高效的特征。

4.2.3.1 平面形态

空间形态园林建筑的设计中，设计师更希望上部屋面部分的覆盖范围尽可能广，下部的竖向支撑构件尽可能少，从而整体呈现犹如云朵悬浮的轻盈感，而这一设计理念也刚好与节省结构材料、提高结构效率、结构反映形态等低碳设计思想相一致。

分析已有的设计，之所以会出现"肥梁胖柱"，主要原因有三：①梁的受力安排不合理，尤其是下部支撑柱子的布置，从而导致梁截面尺寸较大；②梁截面的尺寸存在冗余，未按内力调整截面，造成了材料的浪费、自重的增大；③因抗震设计，需要抵抗水平荷载而导致的构件截面增大。一些经典案例实践了部分解决方法，例如，针对梁的受力安排可以考虑做格贝梁；针对尺寸冗余，可按内力调整截面，在建筑中看到弯矩图；针对抗震导致的粗柱子，可使用张弦框架或者增设受拉柱。

（1）格贝梁

相同长度的两根梁，总长度均为 L，支座均为铰接但设置位置不同（图4-17）。第一根梁支座设置在两端，为简支梁。第二根梁对称地将两个支座向内移动，该梁为一个两端悬挑于支座之外的伸臂简支梁。

第一根梁的支座位置弯矩为零，跨中出现最大正弯矩。

第二根梁的支座处出现最大负弯矩，跨中出现最大正弯矩。当支座处的最大负弯

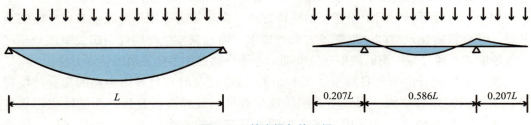

图 4-17 简支梁与格贝梁

矩与跨中位置的最大正弯矩数值相等时,设计的梁在此种受力下截面尺寸最为经济。通过计算可知,第二根梁的两段悬挑约为0.207倍的梁长时,是最为经济的。即在设计中通过调整柱子的支撑位置,让其位于大约距离梁端1/5倍的长度位置,做成悬臂简支梁的时候,其截面尺寸最经济。这时的梁中最大弯矩约为第一根简支梁中的最大弯矩的1/6倍。究其原因,是因为悬臂梁在支座处会产生较大的支座负弯矩,而这一负弯矩刚好可以抵消掉一部分相邻跨的跨中正弯矩。1866年,H.格贝获得这一做法的专利,因此第二根梁称为格贝梁。这一改变所起到的积极作用在于:可以减小梁截面,减少用材;或者可以在用材不变的前提下,进一步增加梁的跨度,提高结构效率。

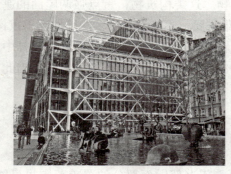
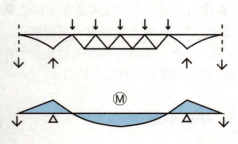

图4-18 法国蓬皮杜艺术中心

建筑师罗杰斯和皮亚诺与结构师彼得·赖斯设计的法国蓬皮杜艺术中心(图4-18),除了外围的28根柱子以外,整个建筑内部没有一根立柱,楼面完全以桁架和格贝梁承担。格贝梁就像一个转轴在立柱上的跷跷板,短的一端支撑着主跨的桁架大梁,承担桁架传来的剪力,另一端由固定在建筑底部的拉杆紧紧拉住。由于桁架梁端为铰接连接,柱截面得以减小,同时外层立柱被拉杆取代,结构用材量降至最少。

(2)转译弯矩图

在桥梁的设计中,经常采用桥梁形态与弯矩图形状统一的设计方法,许多结构轻巧、造型优美的桥梁与其弯矩图轮廓都是高度一致的。同样的逻辑也可以应用在建筑设计的构思中,通过弯矩图的转译继而生成建筑的形态,建筑结构一体化设计,这样可以节省材料,降低自重,最大限度地提高材料的利用率。

将建筑形态按力学图形进行设计,以保证各构件都能最有效合理地受力,使其既真实地反映受力,又具有形态上的美,是弯矩图转译的一种经典手法,20世纪的设计师们按照这种方法设计建造了许多杰出的建筑作品。其中,瑞士马亚尔设计的基亚索仓库的屋架就以钢筋混凝土结构描绘出了简支梁弯矩图的曲线形态(图4-19)。

如今,设计师已不满足于直接的转译方法,在建筑形态创作阶段还有以弯矩图为基础,综合权衡建筑空间、形态等方面的要求,通过调整结构构件组织关系而修正弯矩图轮廓或者通过弯矩图而调整建筑细部形态等一些更加多样灵活的转译方法。

伊东丰雄设计的布鲁日展亭(图4-20),位于比利时布鲁日市中心的集会广场对面。采用铝板蜂窝结构,形成半透明的视觉效果。纯蜂窝板直接作为结构很容易变形,于是,结构师新谷真人用拆解弯矩图补强节点的方式协调了结构与建筑。他将

图 4-19　瑞士基亚索仓库

图 4-20　比利时布鲁日展亭

（引自伊东丰雄建筑设计事务所官方网站）

15m×6m×3.5m 的铝结构展亭化简为门式刚架的受力模型，根据当地气候条件，以均布雪荷载为边界条件得到其弯矩图，以此反向推敲设计所需的结构措施。通过将刚架弯矩图拆分发现，梁的跨中与柱脚附近为正弯矩，刚架的梁柱节点位置为负弯矩。为了提高蜂窝板的结构强度，按照抗弯强度的变化有规律地设置了椭圆形补强板，并浮云状地错开布置，这既保证了结构强度，又最大限度地增加了蜂窝结构的透明性。补强的铝板犹如在建筑上装饰的花边，而编制花边又是布鲁日的土特产，所以这一从形态到结构完美契合的设计得到了当地市民的普遍好评。此种弯矩图的转译方法均衡地满足了建筑与结构需求。

（3）张弦框架

张弦框架是框架与拉力的组合方案，其主要做法是用拉力来加强刚度较低的框架。它的特点是将抵抗垂直荷载较强的张弦梁与可有效抵抗水平力的斜撑通过空间组合的方式将预应力自锚以形成自平衡的平衡结构。抵抗拉力的斜撑只要预应力足够，也可以在反向水平力的作用下作为压杆发挥作用，从而将结构整体在水平力作用下的位移控制在很小的范围内。

张弦框架的结构原理，最大的特点就是将抵抗水平力的斜撑导入预应力作为抗压构件和抵抗垂直荷载的张弦梁组合，形成自锚式平衡。设计中也可以将柔性受拉的弦索更换成刚性的弦杆。

日本船桥市船桥日大前站（图4-21）是一个含有地铁、展示等多功能的空间。结构设计的方案是，用钢拉索加强的框架结构，以较小的框架截面实现车站的无柱空间。

拉索的布置方式很像儿童翻绳游戏，最多有6根钢索汇交。施加了预应力的钢索，能够同时提高原框架结构在竖向和水平向的承载力。

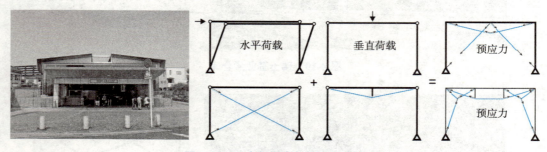

图 4-21 日本船桥市船桥日大前站

4.2.3.2 曲面形态

平面受力结构的缺点是结构内力较大，材料强度得不到充分利用，材料用量增加，空间整体性能减弱，结构安全性降低。随着计算机分析软件的运用和建筑施工技术的进步，空间结构比平面结构的技术优势日益凸显。

薄壁结构是指结构的厚度远小于长度和宽度，一般由金属或钢筋混凝土制成并布置成空间受力体系。

自然界的结构与形态之间的关系通常遵循"尺度与平方-立方定律"。例如，一只蚂蚁能承受数倍于自己身体的重量，但如果其大小呈比例地增加到一头大象的尺寸，它恐怕连自身的重量也承受不了。因为当线性尺度扩大时，重量呈立方地增大，而支承面积只是呈平方地增大，这就需要或者改变蚂蚁骨架的比例，或者减轻其肉体重量，或者增大其骨骼的强度和刚度。同样的原理适合于任何形状的建筑物，所以我们不能简单地把小跨度结构按几何比例放大后用于大跨建筑。如果只是简单地将常见的园林建筑的结构布置放大后应用于这一类大跨覆盖构筑物中，那么从受力上看并不合理。但这一原理若反过来应用，将大尺度的建筑微缩成小尺度的建筑时，建筑自重也会呈立方地缩小，结构构件尺寸呈平方地减小，加上大跨结构体系的受力高效特点，小尺度的建筑最终将会呈现出视觉与结构兼具的轻形态特点。这也启发了一种大空间园林建筑的设计思路：将空间结构体系引入园林建筑的设计中，尤其是轻型结构的引入，将会使设计呈现更强烈的轻盈感，是更加节材低碳的结构设计方法。

国内外现有各种形式的空间结构近40种，但并不都适用于园林建筑。下面以索膜结构和网壳结构举例说明其应用方法，实际应用中园林建筑空间结构体系的案例会更加多样化。

（1）受拉曲面

受拉曲面主要是指由柔性材料，如索或膜，通过张拉所形成的曲面。

索结构的自由度很大,它是由处处铰接的柔性构件组成,是几何可变体系,不能承受弯矩,只承受轴向拉力,这是索结构的特点。其结构形态精确地与应力流相吻合,自然地将力展现在了材料上。索结构所构成的建筑形态和空间形态并非是自由任意的,它严格地受到力流的控制。索结构受力的单一性决定了它是大空间形态较经济适宜的结构体系之一。由于索结构清晰明确的受力状态,纤细轻巧的外观形象,使其具有节材低碳的优势。

膜结构也是拉力结构。从低碳设计的选材角度看,膜材透光自洁,白天可利用自然光采光,减少能源消耗,降低运营期的碳排放。但是,膜材隔声隔热能力差、材料的耐久性较差,因此并不是主流推荐采用的低碳材料。不过,园林建筑物有其特殊性,有些建筑物具有临时性,需要便于拆装和再组装利用;有些建筑物会随着城市更新而迭代变化,对耐久性要求没有那么高,对结构简洁轻质,便于建造的需求较高;还有些建筑基于公园场地特色,需对自然地形进行利用和塑造,膜结构的建筑形态是较为贴合的选择。总之,膜结构制作方便,施工速度快,造价较低,适用于此类园林建筑。值得注意的是膜结构属于风雪敏感结构,在风荷载大的地区需要通过选择合适的材料、优化结构设计以及进行严格的风荷载测试来才能确保其安全性和稳定性。故在风雪荷载较大的地区、应谨慎使用膜结构。

作为柔性体系,索膜结构需要通过施加适当预张力获得稳定形状,其形态与受力是紧密相关的。因此,通过调整边界条件和预张力,寻求符合建筑功能及美学要求且受力合理的曲面形态,是膜结构设计中首先需解决的问题。

德国设计师弗雷·奥托是拉伸和薄膜建筑的倡导者,他重视自然规律,其作品是轻量、开放和低成本的,有时甚至是临时的。他一直在思考如何用最少的材料和能源包裹"空气"或"空间"。在可持续性建筑提出前,他就已将此概念应用到设计中。

 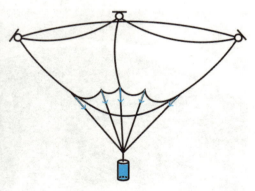

图 4-22　慕尼黑 Hellabrunn 动物园鸟舍

图4-22所示为弗雷·奥托设计的慕尼黑Hellabrunn动物园鸟舍。为保证鸟类能在其中自由飞翔,同时不破坏公园内的整体景观效果,设计师采用了索网结构。首先通过逆吊模型来确定结构正确的外形以及支撑的位置,而后用金属线代替索,按照60mm×60mm的网格编织成索网,最后对模型进行测量,按比例放大,实现最终的建造效果。在大空间的尺度下做到了极少的材料使用。

(2) 受压曲面

受压曲面主要是壳体结构，可以是钢筋混凝土做的薄壳结构，也可以是钢、木、铝合金等材料做的网壳结构。

壳体是单向或者双向弯曲的面作用结构，它既能承受垂直的荷载，也能承受在其平面内的荷载。作为无柱大空间的覆盖，壳体通常是弯曲自承重的，其承载能力取决于它的几何形态。壳体通过起拱的微小厚度作为一层可自承重的"膜"，从而达到极大的跨度。在此情况下初始荷载通过纵向力传递至支座，它所受的弯矩可以忽略不计，因此相比跨度，其厚度可以做到极小，这种状态称作薄膜应力状态。

自然界中有十分丰富的壳体结构实例，如蛋壳、蚌壳、植物的果壳等。在日常生活中也有此类空间薄壁结构的应用，如轮船、飞机等。它们都是以最少的材料构成特定的使用空间，并具有一定的强度和刚度。

壳体结构的强度和刚度主要是利用了其几何形状的合理性而不是以增大其结构截面尺寸取得的。其空间整体工作性能良好，内力比较均匀，是一种强度高、刚度大、材料省、经济合理又低碳的结构形式。

网壳结构是格构化的壳体，也是壳形的网架。它是以杆件为基础，按一定规律组成网络，按壳体坐标进行布置的空间构架，兼具杆系结构和壳体结构的性质，属于杆系类空间结构。网壳结构的杆件主要承受轴力，结构内力分布比较均匀，应力峰值较小，因而可以充分发挥材料强度作用。由于它可以采用各种壳体结构的曲面形式，因而在外观上具有丰富的造型。网壳结构虽然能跨越很大的跨度，但主要为承受压力，存在稳定问题，并不能充分利用材料的强度，因此超过某一跨度后就会显得不经济。网壳结构优美的造型、良好的受力性能和越来越优越的技术经济指标，将得到越来越广泛的应用。

图 4-23　德国艾希塔尔户外剧院

图4-23所示为瑞士海因茨·伊斯勒设计的德国艾希塔尔户外剧院，采用了钢筋混凝土薄壳结构。此建筑位于一处山坡上，舞台位于山脚下，看台位于山坡上。屋盖共设置了5个支座，在舞台侧被切掉一边，保持开敞，正好使从舞台发出的声波能够良好地反射给观赏者。伊斯勒通过逆吊法找形，获得了一个受压的壳体形态。因为壳体内几

乎无弯矩，所以壳体的厚度可以做到最薄。这个屋盖跨度42m，壳体厚度仅有90mm，而且这个屋盖使用期间无须维护，也无裂缝。

4.2.4 结构低碳选型方法展望

关于结构的低碳选型探讨归根结底是属于形与力的讨论范畴，关键在于少费多用从而节材减碳。在形与力的协调表现中，过往的设计师做出了大量的努力，比如通过物理找形的方法、通过仿生形态的方法，其目的都是寻找在自然界的重力作用下最适合的形态，减少材料的用量、实现合理的力流传递，同时还要兼顾建筑外形的美学表达。

随着数字技术的不断发展，通过计算机建立数学模型、仿生优化和几何拓扑等方法生成结构体系和形态，是今后结构体系建立和优化的重要方向之一。基于形与力的优化技术也必将影响未来建筑形态的设计。未来的建筑设计一定是形与力双重可视的、交互的。例如，通过在建筑设计软件中加入有限元插件，设计师就可以在生成形态的同时进行形态优化设计，有效地生成结构上高效、建筑上创新的形态。

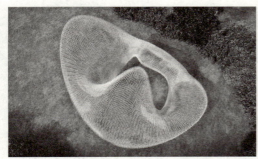 

图 4-24　云亭（引自创盟国际–有方）

图4-24所示为创盟国际–有方与同济大学共同设计建造的"云亭"。这是一座由六轴机器人打印成的复杂曲面亭。设计团队运用拓扑优化算法，通过结构性能化技术生成建筑形式，将应力分布转变为网格系统，得到了多变密度的网格形式。看似写意的云状形态，实则隐藏着精确优化的结构，结构的高效性和材料使用量的精确性完美融合。这种对现有设计与建造技术的大胆革新，展现了设计人员的科学创新精神，也为行业的未来发展做出了突破性的贡献。

小　结

本章主要对低碳结构设计进行了概述。建筑结构的低碳设计在以"最小化总体碳排放"为目标的前提下，其核心就是用最少的材料做最高效的结构。因此，本章主要从结构选材和结构选型两方面展开讨论。首先，提出了低碳结构材料的选择原则，分别为评估材料优势、选用高强材料、协同材料受力、降低胶结材料碳排、尽量就地取材、采用轻质材料、废料可再利用、使用竹木结构，并且解释了其降碳减排的缘由。而后，针对低碳的结构选型提出了5个总原则，分别为建筑结构一体化设计、结构自身反映外部形态、推荐装配式建造、采用适宜的柱网、结构构件尺度适宜。最后，针对园林建筑的线性形态和空间形态简介了一些低碳选型的设计方法，并且展望了未来低碳选型方法。

思考题

1. 低碳结构材料选择原则有哪些？
2. 结构低碳选型的总原则有哪些？
3. 竹结构与木结构的低碳建造有什么特点？
4. 钢筋混凝土结构与钢结构的园林建筑适宜的柱网尺度范围是什么？梁板构件的经济尺度关系是什么？
5. 分析梁截面形式对抗弯性能的影响。
6. 空间形态园林建筑的设计中因"肥梁胖柱"而增加的碳排放，可通过哪些方法解决？

推荐阅读书目

建筑结构创新工学. 郭屹民, 傅艺博, 日本建筑学会. 同济大学出版社, 2015.

绿色建筑设计导则. 任庆英, 赵锂, 陈琪. 中国建筑工业出版社, 2021.

建筑结构选型. 张建荣. 中国建筑工业出版社, 2011.

轻·远：德国约格·施莱希和鲁道夫·贝格曼的轻型结构. 博格勒, 陈神周. 中国建筑工业出版社, 2004.

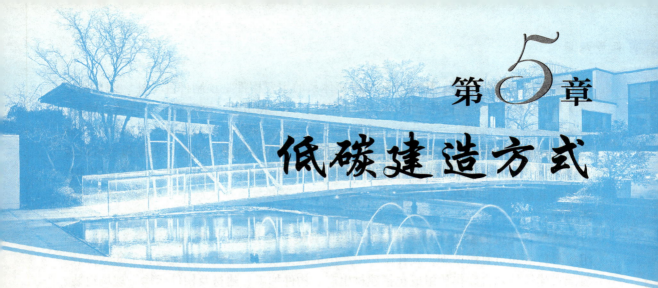

第5章 低碳建造方式

本章提要

本章介绍了以装配式建筑为代表的低碳建造方式。首先分析了装配式建筑的分类、特征、构件组成，然后分析了其生命周期碳足迹与低碳优势，最后介绍了减少建筑碳排放的设计方法、管理方式与建造技术等。

习近平绿色发展理念为建筑行业的低碳转型提供了重要的指导。他提出，要坚持绿色发展，走生产发展、生活富裕、生态良好的文明发展道路。在建筑领域，绿色发展意味着要兼顾经济效益与环境保护，实现节能减排，减少资源浪费和降低碳排放。这一理念促使建筑行业加快推进新型建造方式的应用，尤其是装配式建筑等低碳建造方式。通过科技创新和工业化生产，装配式建筑能够大幅减少建材的浪费，降低施工过程中的能源消耗和碳排放，同时提高建筑质量和施工效率。习近平的绿色发展思想要求我们树立全生命周期的环保理念，从建筑设计、施工到使用阶段都要践行绿色低碳的发展模式，从而为推动建筑行业的可持续发展奠定坚实基础。

本章将介绍以装配式建筑为代表的低碳建造方式。装配式建筑可以通过工业化生产方式高效预制和组装，从而有效提高建造效率、缩短施工周期、提高工程质量、减少材料和能源消耗。相比传统粗放型建造方式，装配式建造可以减少20%以上的碳排放。

按照结构材料划分，装配式建筑主要可分为装配式钢结构、装配式混凝土结构和装配式木结构，其中装配式钢结构和装配式木结构又有重型和轻型之分。装配式木结构得益于木材的固碳能力，外加构件重量较轻，其隐含碳排放量相对最小。而重型钢结构和混凝土结构，由于材料生产碳排放量高，建造过程又需要使用重型机械，因此碳排放量较大。但轻型钢结构因为减轻了构件重量，材料用量相对减少，具有一定的低碳优势。

按照组成结构的主要构件划分，装配式建筑可分为装配式框架体系、装配式板式体系和装配式模块体系。组成装配式框架体系的主要构件是预制杆件（柱、梁和斜撑等），较另外两种类型构件重量轻，易于制造、运输和组装，因此隐含碳排放量较低，但框架外需要附加围护结构，会产生额外的碳排放。装配式板式体系主要构件为预制夹心板材或实心板材，在板材上可集成保温、管线和装饰等，高度集成的板材可以减少现场施工的碳排放。模块体系集成度更高，预制完成度可达95%以上，全部围护、管线和装修工作都可在工厂内完成，现场只需吊装拼接，极大减少了现场的材料和能源浪费。

装配式建筑的全生命周期碳足迹包括隐含碳和运营碳。装配式建筑隐含碳排放的组成与传统建筑有所区别，其在工厂中产生的碳排放抵消了大部分现场施工的碳排放。装配式建筑的隐含碳排放组成包括建材生产、构件加工、建材及构件运输、现场组装、建筑维护、建筑拆除与处置的碳排放。在这一系列过程中，通过科学的设计、工业化的生产和组装、信息化流程管理，可以减少材料浪费和能源使用，进而减少碳排放。这其中又以建材生产碳排放占比最高，因此通过设计优化、精益加工和回收利用等手段减少新材料的生产，可以有效减少建材加工的碳排放。

作为工业化建造的代表，装配式建筑相比传统建筑具有很大的减碳优势。装配式建筑不是简单地将构件生产转移到工厂中，而是重新整合建筑的设计、生产和建造流程，形成了系统性的设计和建造过程，可以精确地调控。对于参与行业众多、上下游链条较长的建筑业，需要全面加强系统集成设计、提升专业协同效率、缩短建造周期、科学化组织和管理，才能减少浪费、降低成本、提升效率，全面减少碳排放。利用面向制造和装配的设计、并行设计、集成设计、BIM技术、精益生产与建造、智慧建造、可拆卸设计等手段，通过从设计到建造、再到拆除的全流程的技术提升，可以有效地减少碳排放。

5.1 装配式建筑类型

《装配式建筑评价标准》中对装配式建筑的定义是，由预制部品部件在工地装配而成的建筑。《装配式混凝土建筑技术标准》中对装配式建筑的定义是，结构系统、外围护系统、内装系统、设备与管线系统的主要部分采用预制部品部件集成的建筑。由此可以总结得出，装配式建筑是由预制部品部件组成，在工地进行装配的集成式建筑。

纵观建筑史，以西方的砖石砌块建筑和东方的木构框架建筑为代表的传统建筑，在某种意义上都属于装配式，只不过采用的是手工现场加工和建造的方式。工业革命后，产生工业加工和批量建造的装配式建筑，其中以钢结构大楼和欧美轻木住宅为代表。虽然，早期装配式建造中人工占比仍较高，但已极大提高了建造效率。现今，装配式建筑已成为工业化建造方式的代表，通过标准化设计、自动化生产、机械化施工和科学化管理方式，实现建筑产业升级，减少资源消耗。

现在，部分欧美等发达国家装配式建筑占比已经达到80%以上。我国国务院办公厅在2016年印发了《关于大力发展装配式建筑的指导意见》，提出力争用10年左右的时间，使装配式建筑占新建建筑面积的比例达到30%。在"双碳"目标提出后，装配式建筑愈加受到重视（刘贵文，2021），成为建筑业减碳的重要途径之一。发展装配式建筑是推进建筑业改革的重要方式，有利于节约资源，优化能源利用，减少施工污染，提升劳动生产效率和质量安全水平。相较于传统建筑，装配式建筑可节约20%~45%的工期、减少20%~40%的能源消耗、降低20%~60%的材料浪费（蒋博雅，2017）。装配式建筑承担了实现建筑工业化和绿色化的重要使命。

装配式建筑按照主体结构材料，可分为装配式钢结构、装配式混凝土结构和装配式木结构3种主要类型（表5-1）。装配式钢结构和装配式木结构又可分为重型和轻型；装配式木结构按材料可进一步分为工程木结构和原木结构；装配式混凝土结构按照连接工法可分为"湿法"连接的装配整体式和"干法"连接的全装配式。此外，还有装配式铝结构、装配式塑料结构等不常见类型。为了实现低碳目标，很多生物质材料和回收材料也用于装配式建筑，如汉麻混凝土、竹木板、再生砖等。

装配式建筑按照组成主体结构的构件类型划分，主要包括装配式框架体系、装配式板式体系、装配式模块体系（表5-1）。其中装配式框架体系和装配式板式体系因为技术相对成熟而广泛使用。装配式模块体系在近年发展迅速，被大量用于临时建筑和应急工程。此外，还有一些特殊类型，主要应用于工业建筑或大型公共建筑中，如装配式膜结构、装配式张拉结构、装配式悬索结构等。

表 5-1 装配式建筑类型

划分依据	类 型	细 分
按材料划分	装配式钢结构	重钢结构
		轻钢结构
	装配式混凝土结构	装配整体式（"湿法"连接）
		全装配式（"干法"连接）
	装配式木结构	重木结构/工程木结构
		轻木结构/原木结构
按构件划分	装配式框架体系	
	装配式板式体系	
	装配式模块体系	

5.1.1 按材料划分

装配式建筑按结构材料可分为装配式钢结构、装配式混凝土结构和装配式木结构3种主要类型。这3种类型在各个国家占比差异较大。在北美，轻型木结构是主要住宅结构类型，占据全部建筑面积的80%以上；装配式钢结构和混凝土结构主要为公共建筑。英国15%~20%的新建建筑采用了装配式技术，其中50%以上为钢结构。在日本，装配式钢结构在住宅中可占50%~80%，逐渐取代装配式木结构的主导地位（李国强，李春和，侯兆新 等，2018）。而在我国装配式建筑中，装配式混凝土结构占比60%以上，装配式钢结构占比大约30%，装配式木结构占比不到5%。

装配式钢结构具有建造速度快、尺寸精确、抗震性能好、可回收利用等优点，但造价较高，需要复杂的加工设备。装配式混凝土结构相比传统混凝土结构可以缩短工期、节约人力、确保精度和质量，但相比其他装配式结构自重大、修改困难、现场施工复杂（采用"湿法"连接）。装配式木结构绿色环保、重量轻、施工速度快、舒适度高，但也存在防火要求高、结构受限、材料品质要求高等缺点。

影响各类型装配式建筑选用的主要因素包括结构性能、自然资源、经济发展、施工水平和文化传统等。例如，日本早期装配式建筑以木结构为主，延续了木结构传统，之后质量更高、结构性能更好的钢结构开始替代木结构住宅，虽然钢结构造价更高。

5.1.1.1　装配式钢结构

装配式钢结构最早源自工业革命时期产生的铸铁结构，但铸铁属于脆性材料，抗拉强度低。18世纪末产生了早期的铸铁桥梁和建筑，1779年英国建成跨度30m的塞文河桥，1786年法国建成铸铁结构的巴黎法兰西剧院的屋顶。1851年，由约瑟夫·帕克斯顿（Joseph Paxton）设计的水晶宫建成（图5-1），成为早期装配式建筑的代表。这座占地74 000m^2的建筑共使用铁柱3300根，铁梁2300根，仅用9个月就建造完成，模数化的铸铁构件全部在工厂预制，运到现场组装。1855年英国发明了贝氏转炉炼钢法，1865年法国发明平炉炼钢法，19世纪末低碳钢开始稳定地批量生产，为钢结构建筑大量建造提供了基础。1885年，由威廉·詹尼（William Jenney）设计的家庭保险大楼建造完成，成为第一座采用钢骨架结构的建筑。1892年，路易斯·沙利文（Louis Sullivan）设计的温莱特大厦建成（图5-2），这座由钢骨架加上石材和玻璃构成的建筑成为装配式建筑的又一里程碑。

图 5-1　早期装配式代表建筑英国伦敦水晶宫，1851
（引自 wikimedia 网站）

图 5-2　早期装配式钢结构代表建筑美国圣路易斯温莱特大厦，1892
（引自 wikimedia 网站）

相比于发达国家,我国装配式钢结构建筑起步较晚。我国最早的钢结构高层建筑是由匈牙利建筑师拉斯洛·邬达克(Laszlo Hudec)1931年设计完成的83.8m高的上海国际饭店(图5-3),直到20世纪80年代一直是上海最高建筑。1956年,国务院发布《关于加强和发展建筑工业的决定》,提出重点工程积极采用工厂预制的装配式的结构和配件,小型工业厂房、住宅和其他民用建筑方面逐步采用工厂预制的轻型装配式结构和配件。但在改革开放前钢材一直是稀缺资源,不是特殊项目不会使用钢结构。真正的装配式钢结构发展是改革开放后,1990年建成的深圳发展中心大厦是我国第一座超高层钢结构建筑。此后,越来越多的钢结构得以建造,包括上海东方明珠塔、国家大剧院、国家体育场、北京中信大厦(中国尊)(图5-4)等(石永久,2022)。

装配式钢结构可分为重型钢结构和轻型钢结构(图5-5)。重型钢结构以圆钢、方钢、工字钢、槽钢、T型钢、H型钢、角钢等型钢为主要构件,组成主体结构框架。重型钢结构包括框架、框架-支撑、框架-延性墙板、框架-筒体、门式刚架、筒体、交错

图 5-3 我国最早的钢结构高层建筑上海国际饭店,1934(引自 wikimedia 网站)

图 5-4 国内高强度钢材(Q390)用量和比例最大的建筑北京中信大厦,2018(引自 wikimedia 网站)

图 5-5 重型钢结构和轻型钢结构对比(引自 wikimedia 网站)

桁架、大跨空间等多种结构类型（郭学明，2018）。重型钢构件的生产、运输和安装都需要大型机械的辅助，因此无论是材料生产还是施工机械的碳排放量都较高。重型钢结构主要用于大型公共建筑和工业建筑，以国家体育场"鸟巢"为例，外部钢结构采用巨型空间马鞍形钢桁架编织形式，共使用高强度钢材4.2万t。

　　轻型钢结构由冷弯型钢或冷弯薄壁型钢等轻型构件组成主要骨架，构件重量较轻，通常人工就可搬运。构件一般用2~6mm的薄钢板冷弯或模压而成，有角钢、槽钢等开口薄壁型钢，以及方钢、矩形钢等空心薄壁型钢（李国强，2018）。轻钢结构单个构件强度低，因此安装密集，构件跨度较小。通常按模数紧密布置龙骨，龙骨之间设置连接和支撑体系，龙骨外安装结构板材、保温层、隔热层、装饰板等。轻型钢结构主要用于低层住宅和小型公共建筑或厂房等。与重型钢结构相比，轻型钢结构用钢量可以平均减少40%以上。以日本小型轻钢别墅为例，通常采用方钢、C型和H型等薄壁轻钢，每平方米用钢量小于50kg。目前，轻钢别墅在我国农村住宅中已经占有一定比例，同时也产生了专门生产和建造轻钢别墅的厂家。

　　装配式钢结构构件包括柱、梁、支撑、剪力墙板、压型钢板、桁架、网架、楼梯等（郭学明，2018）。构件的生产可采用自动化流水线生产，利用激光切割、机械臂焊接、自动喷涂等技术完成。钢结构的节点可分为焊接和螺栓连接。焊接需要专业工人使用专用工具操作，技术难度高，固定相对牢固，但也使得拆解困难。螺栓连接操作相对简单，不需要复杂机械，可由普通工人完成。此外，螺栓连接还具有可逆性，易于拆卸，便于构件的回收利用等优点。轻钢结构还可以采用自攻螺钉、铆钉、射钉等机械式紧固件连接。

　　在低碳方面，装配式钢结构最大的优势是可以循环利用，减少材料生产的碳排放。钢结构的材料回收利用率可达90%以上，远高于其他材料。此外，钢材的结构强度要优于一般建材，满足结构要求的材料用量更少，例如，钢结构高层建筑的每平方米耗材在500~600kg，而传统混凝土结构为1000~1200kg。据统计，钢结构的碳排放量约为480kg/m^2，而传统混凝土建筑约为741kg/m^2（王玉，2017）。另外，装配式钢结构相比现场施工可以减少现场裁切带来的材料浪费，避免现场加工失误带来的返工，从而减少材料生产和施工碳排放。装配式钢构件在工厂可控的环境中完成保护层和装饰层的喷涂，还可以避免现场施工中污染气体的扩散。

　　装配式钢结构可以通过优化结构设计、采用回收材料等手段进一步降低碳排放。例如，使用双向渐进优化法（BESO）对构件进行拓扑优化，减轻构件重量。采用回收钢材进行新构件的生产，或者直接对集装箱钢结构模块等进行改造利用。此外，还可以通过加强钢材生产、构件加工和组装的管理，来节约能源、减少材料浪费。在材料生产中提高生产效率，提升生产工艺，做好节能生产。在构件制作前核对图纸准确性，根据构件尺寸选择合适原材料，减少材料加工损耗和报废。

5.1.1.2　装配式混凝土结构

　　装配式混凝土建筑在国际上称为PC建筑，PC是precast concrete的简称。预制混凝

图 5-6　装配式混凝土建筑法国马赛公寓，1952　　图 5-7　美国早期的装配式混凝土高层住宅代表
（引自 getarchive 网站）　　　　　　　　美国费城社会岭公寓，1964（引自 wikimedia 网站）

土构件最早产生于1891年，首次建筑应用是1896年法国的一座门卫房。欧美国家从12世纪初就开始探索预制混凝土的开发和应用，以框架结构和剪力墙结构为主。1952年，勒·柯布西耶设计的马赛公寓建成（图5-6），采用了装配式的单元设计。1964年，贝聿铭设计的费城社会岭公寓建成（图5-7），是早期装配式混凝土高层住宅代表。1967年，摩西·萨夫迪设计的栖息地67号（Habitat 67）在蒙特利尔世界博览会上展出，呈现了一座预制混凝土模块化建筑。在北美，装配式混凝土结构也常用于停车场等公共建筑中，采用预应力空心板或双T板等构件。现今，日本、韩国、新加坡的装配式混凝土技术也较为成熟，建造了一批高层和超高层装配式建筑。

我国装配式混凝土技术起步较晚，在1956年发布的《关于加强和发展建筑工业的决定》中提出应该积极地采用钢筋混凝土装配式结构和配件，因此在当时许多工业厂房使用了预制混凝土柱、无梁板、叠合楼板等。同时期，我国从苏联和东欧引入装配式大板住宅体系，开始生产预制混凝土墙板、预应力混凝土圆孔板、预应力空心板等（郭学明，2018）。但由于结构安全和密封性能等原因，预制混凝土建筑在我国很长一段时间内发展缓慢，直到21世纪后进入发展新阶段。2016年，国务院发布《关于大力发展装配式建筑的指导意见》，指出要大力发展装配式混凝土建筑和钢结构建筑，提出到2025年装配式建筑占新建建筑的比例达30%以上。目前，我国装配式建筑以混凝土结构为主，数量和质量都在稳步提升。部分省（自治区、直辖市）还规定，机关办公建筑、学校、医院、场馆建筑等政府投资或主导的项目，要全部采用装配式建造技术。例如，深圳长圳公共住房项目，是目前全国已建成规模最大的装配式公共住房项目，也是深圳市建设管理模式改革创新的试点项目。

装配式混凝土结构包括框架结构、剪力墙结构、框架-剪力墙结构、框架-筒体结构等，广泛适用于住宅、公共建筑和工业建筑中。设计时，应根据建筑类型进行结构选型，装配式框架结构主要用于低层和多层建筑，其他类型可用于中高层或超高层建筑当中，当前世界上最高的装配式混凝土住宅已达到208m。

装配式混凝土结构的主要构件包括预制剪力墙、预制叠合楼板、预制叠合梁、预制梁柱、预制楼梯等。预制混凝土构件的生产精度更高,易于振捣和养护,构件质量大大提高。一般现浇混凝土的施工误差以厘米计,而预制构件的误差可达到毫米级。

装配式混凝土结构可采用"湿法"或"干法"连接(李国强,2018)。装配整体式混凝土结构采用"湿作业",通过现场灌浆的方式连接。灌浆连接结构整体性能好,多数高层建筑都采用此种方式,将叠合楼板、叠合梁、叠合剪力墙、剪力墙竖缝节点通过现浇混凝土连接。全装配式混凝土结构构件靠"干法"连接,在预制构件上预装金属连接件,在现场通过焊接或螺栓连接(郭学明,2018)。全装配式构件生产简单,安装便利,成本更低,但结构整体性较差,多用于低层或多层建筑。

装配式混凝土建筑将现场"湿作业"转移到工厂中进行,在提高效率的同时,可以减少污染,降低能耗。近年来,法国装配式混凝土建筑的装配率达到80%,脚手架用量减少50%,节能可达70%。在我国,装配式技术生产比传统施工可以减少60%~80%的材料损耗,减少80%的建筑垃圾,同时实现65%以上的建筑节能(王玉,2017)。

装配式混凝土建造可以通过减少现场材料浪费、缩短工期、增加材料回收利用等手段减少碳排放。通过在工厂内精益生产,装配式混凝土可以减少20%的材料使用。而规划设计好的组装过程,可以避免现场的重复施工和返工,减少因返工拆除而浪费的材料,以及重复施工的能源浪费。在建筑全生命周期的最后,装配式混凝土建筑更易于拆除,材料回收利用率也更高。

5.1.1.3 装配式木结构

现代的装配式木结构起源于北美的气球架(balloon frame)轻型结构(图5-8)。18世纪30年代,美国移民放弃了传统的重型木构框架,发明了以2in×4in(1英寸≈25.4mm)截面轻型木杆件为主体的框架结构。这些标准化的轻型木构件不再依赖复杂的榫卯连接,而是通过简易的钉子连接,使普通工人在两三个月内也可以建造一栋家庭住宅。在气球架基础上,又产生了平台式框架(platform frame)轻木结构。这两种轻木结构现在仍是北美住宅的主要结构类型。20世纪初,胶合木的发展为重型木构建筑的发展提供了机会。胶合木不再受原始木材的限制,可以制造尺寸更大、性能更优

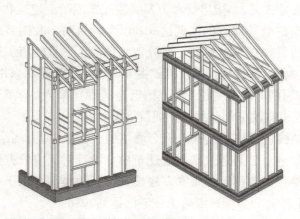

图 5-8 气球架和平台架轻型木结构(引自 flickr 网站)

的木构件，使木结构跨度摆脱了原木尺寸的限制。

我国虽然有悠久的木结构历史，但现代木结构发展较晚。近半个世纪，我国木材资源一直比较稀缺，为保护林木资源，我国很长一段时间不鼓励建造木结构建筑，而且木结构成本较高。直到近十年，随着绿色建筑的发展，低碳目标的提出，我国才开始再次推广木结构建筑。住房和城乡建设部先后在2017年发布《木结构设计标准》，2021年发布《木结构通用规范》等规范和标准。装配式木结构在别墅、学校、展览馆等住宅和公共文化建筑中的应用逐渐广泛。

装配式木结构同样可分为轻型和重型两种类型（图5-9）。轻型木结构主要指采用规格材（dimensional lumber）及木基结构板材制作的木框架墙体、木楼盖和木屋盖系统构成的单层或多层建筑。规格材是指原木经切削、干燥得到一定规格尺寸模数的锯材，并根据不同的分级方法对其进行分等分级。轻型木结构以北美的气球架和平台式框架为代表，小截面的规格材一般按不大于600mm的中心间距排列。轻型木结构在欧美发达国家已经形成完整的产业链，建造商可以快速批量地建造轻木住宅。

图 5-9　轻型木结构和重型木结构对比（引自 wikimedia 和 strongtie 网站）

重型木结构则采用大截面构件作为承重结构，通常是胶合木。胶合木构件尺寸不受天然木材尺寸限制，材料强度高，具有较高的强重比，可加工成多样的造型。此外，重型木构件自身就可以满足防火要求，足够大的截面可以保证构件在燃烧碳化后仍具有承载力，炭化层可以避免火焰继续向内燃烧。重型木结构包括梁柱式、空间桁架、拱式、门架式、空间网壳、折板等类型。相比轻型木结构，重型木结构加工和建造周期长，材料生产的碳排放量也更高。

装配式木结构的材料可分为原木和工程木。原木是经过简单处理而未合成的木材，一般是已经去除皮、根、树梢，并按一定尺寸加工成规定直径和长度的材料，如加拿大的SPF（云杉-松木-冷杉）。北美的轻木结构通常是由小截面的标准原木建造而成。此外，因为传统木结构均使用原木建造而成，因此一些传统建筑经现代化之后，仍沿用原木建造，只不过加工技术和木材处理更加现代化。例如，彼得·卒姆托设计的Luzi住宅和Leis住宅，虽然更新了传统的井干式建筑做法，但延续了原木建造方式。在我国《木结构设计规范》中将方木原木结构称为普通木结构，包括穿斗式、抬梁式、井干式、梁柱式、木框架剪力墙结构等。

工程木是采用胶合等合成的方式，将木材或木材碎片制作成新的合成材。工程木类型众多，其中可用作结构材料的包括交叉层压木（CLT）、胶合层压木（GLT）、单板层积材（LVL）、层叠木片胶合木（LSL）、平行木片胶合木（PSL）等，可用作木基结构板或装饰板的包括定向结构刨花板（OSB）、中密度纤维板（MDF）等。根据建筑构件受力特点的不同可选择不同的工程木，如单向受力的杆件可以选择胶合层压木，而双向受力的板材可以选择交叉层压木。交叉层压木是目前高层木结构的主要材料，例如，用交叉层压木建造的加拿大不列颠哥伦比亚大学（UBC）大学学生公寓楼已经达到53m高，18层（图5-10）。相比原木，工程木的碳排放因子更高，主要源于工程木在加工合成过程中机械的能源消耗。

装配式木结构的构件包括柱、梁、墙板、楼盖、屋盖、桁架等。轻型木结构的基本材料包括规格材、木基结构板材、结构复合材等，主要采用钉子连接，部分构件也采用金属齿板等专业连接件，施工相对简易。重型胶合木构件一般用螺栓、销钉、钢板或专用连接件连接。榫卯连接在传统建筑中较为常用，但因为加工复杂、精度高和力学性能难以保证等原因逐渐被替代，只有在少数现代建筑中才能见到，如坂茂设计的Tamedia办公大楼（图5-11）。

因为木材本身具有碳汇作用，木结构通常认为是低碳建造方式。平均每立方米木材可固碳1000kg左右，而每立方米原木生产的碳排放大约只有200kg。即使加上运输和组装的碳排放，木材仍能保持负碳排放。但值得注意的是，木材在填埋或焚烧处置过程中，会将CO_2排放回大气当中。因此，有必要延长木材的寿命，提高木材的回收利用率，以减少碳排放。无论如何，木结构的全生命周期碳排放，相较钢结构和混凝土结构要低得多。

如果要进一步降低装配式木结构的碳排放，除了增加回收利用外，还可以减轻结构重量，降低胶合木材料生产碳排放。通常原木的碳排放因子在200$kgCO_2/m^2$左右，而工程木的碳排放因子高达400~600$kgCO_2/m^2$（张孝存，2022）。木材在加工生产中产生的碳排放，可通过优化加工工艺、提升胶合效率等办法来减少。

图 5-10　加拿大温哥华 UBC 大学学生公寓楼建造，2019（引自 flickr 网站）

图 5-11　瑞士苏黎世 Tamedia 办公大楼建造，2013（引自 flickr 网站）

5.1.2 按构件划分

按照组成装配式建筑的主要构件形式,可将装配式建筑分为框架体系、板式体系和模块体系3种主要类型(图5-12)。框架体系以柱、梁等线性构件为主,在此基础上附加围护结构。板式体系以墙板和楼板作为主要结构,无须额外围护结构。模块体系主要是以箱体模块为主,还包括框架模块、折板模块或异形模块等。

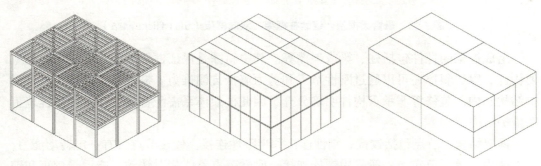

图 5-12　框架体系、板式体系、模块体系示意图

装配式体系的构件类型很大程度决定了建筑预制程度的高低。框架体系预制程度最低,现场仍需大量安装工作。板式体系可将结构、围护和装饰都集成在预制板上,在现场只需拼接预制板,并完成后期装饰装修。箱体模块可以达到很高的集成度,可将全部结构、围护、设备、装修等集成在预制箱体中,现场只需少量固定安装工作。

目前,我国装配式建筑以框架体系和板式体系为主,模块体系的占比逐渐提升。而在欧洲和苏联曾兴起过以大板建造为代表的装配式建筑体系,并在一段时间内影响我国装配式建筑的发展。今天,新加坡和我国香港则在大力发展模块化建造体系,以解决高密度城市的居住问题。

5.1.2.1　装配式框架体系

框架体系由线性建筑元素(如柱和梁等)与支撑构件组成,提供了一个基本稳定的结构,能够承受垂直和水平荷载。无论东西方,自古都存在着以框架为主体的建造方式。而自从现代主义提出结构和围护分离的自由空间体系,以梁柱体系为主的框架体系就成为现代建筑的主要类型。装配式框架体系一直伴随着建筑现代化的进程,早期的北美轻木框架推动了美国的西部开发和城市化,钢框架的发展推动了高层摩天楼的产生,混凝土框架成为流动空间的基础。

钢材、混凝土和木材都适用于框架体系的建造。钢框架结构可分为悬臂梁框架、连续柱框架、双向框架和轻钢框架等(图5-13)。混凝土框架以柱、梁为主要构件,按水平结构可分为主次梁体系、十字梁体系、井字梁体系、密肋体系等。木框架结构包括东西方的传统木构架、气球架和平台式轻型框架、现代框架结构。

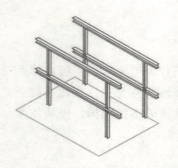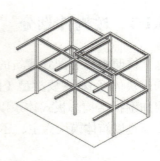

图 5-13　悬臂梁框架、连续柱框架、双向框架（引自 flickr 网站）

组成框架的杆件包括柱、梁或斜撑等。其中斜撑是保证框架结构水平稳定性的重要构件，除了斜撑还可以通过刚性节点和剪力墙抵抗侧推力。框架承重构件与外部围护结构和内部装修等非承重构件明确分开，因此框架体系需配备预制楼板和外挂墙板等维护结构。

框架结构的节点包括铰接、刚性连接和半刚性连接。铰接节点具有一定转动能力，可以使内力重新分布，一般采用螺栓连接。刚性节点不能相对转动，能承受弯矩和剪力，可采用焊接、浇筑或螺栓连接。装配式框架体系的节点复杂程度与同一节点需要连接的杆件数量有关，同一节点连接的杆件越多，节点一般越复杂。因此为降低节点复杂度，应避免多个杆件交于一个节点。

为减少碳排放，可以降低框架体系的复杂度，优化结构设计，减轻结构自重，减少材料用量。例如，构件可采用采用桁架形式或波浪腹板钢结构等轻型结构体系。此外，维护结构也是框架体系的减碳重点，可以通过一体化集成设计的方式，同时考虑框架和围护结构的设计。

5.1.2.2　装配式板式体系

板式建筑由预制内外墙板、楼板和屋面板等板材装配而成。20世纪初，产生了以混凝土板为主要构件的大板建筑体系。1930年，德国首次使用大板体系建成位于柏林的Splanemann-Siedlung居住区。第二次世界大战后，东德地区开展大规模住宅建设，混凝土大板建筑成为其中重要的组成部分。在哈勒新城（Halle-Neustadt）的300万套住宅中，180万～190万套使用了混凝土大板建造（图5-14）。混凝土大板体系建造迅速、经济适用，成为短期解决住房问题的有效方法。我国在新中国成立后也引进了大板建筑，在之后的20年里大板建筑已达到一定的规模。但由于建筑防水、冷桥、隔声等关键技术问题未得到解决，有些建筑出现了结构安全性和密封性等问题，同时现浇混凝土技术的成熟，使得大板建筑逐渐消失。直到近期装配式建筑的发展，又产生了以混凝土板为主要构件的装配式剪力墙体系。

与混凝土板共同发展的还有木板体系，是解决住房问题的另一条途径。轻型木框架结构的发明虽然已极大提高了木结构的生产和建造效率，但由于现场需要组装的构件众多，效率仍有待提高。20世纪40年代，瓦克斯曼和格罗皮乌斯开发了组合屋板式

图 5-14　使用大量混凝土大板建造的德国哈勒新城（引自 wikimedia 网站）

建造系统。通过在工厂将平面框架和围护表皮组装成预制空心板，使现场的工作极大减少。而板内还可以填加保温层，形成结构保温板（SIP）。而20世纪80年代胶合板的发展，让实心木板作为建筑主体结构成为可能，并且让木结构向高层发展。例如，UBC大学学生公寓楼就使用了CLT作为楼板（见图5-10），木构件的组装只用了70天。

装配式混凝土采用的板材包括钢筋混凝土实心板或空心板、带保温的钢筋混凝土复合板、轻骨料混凝土板、泡沫混凝土板、预应力板、叠合楼板等（郭学明，2018）。混凝土板的连接可以靠灌浆、焊接或螺栓连接。装配式木结构通常采用SIP板或实心工程木板材。SIP板重量轻、保温性能好、可集成管道和装饰等，并且可以工业化自动生产。自动化的SIP生产线可根据型号和数量需求，采用机械臂和自动机械流水线生产。交叉层压木等工程木板材通常采用CNC加工，根据所需形式在工厂内数字化加工（现场加工很难保证精度）。木板材的连接主要依靠钉子、螺栓和金属连接件等。

首先板式体系可通过优化板材结构，利用空心结构减少材料用量来实现减碳。无论是混凝土板或木板，现在都有成熟的空心板产品。保温材料的选用是降低板材碳排放的另一个重点，例如，SIP板内的保温层多为聚氨酯泡沫或聚苯板等合成材料，在生产过程中会产生大量CO_2。因此，可选用无机材料或植物纤维等作为保温材料。

5.1.2.3　装配式模块体系

模块化建筑是指将建筑划分为若干空间单元进行预制生产，运输到现场后像搭积木一样组装的建筑形式。早期的模块化建筑并非由金属模块所组成，而是20世纪初的木盒子模块。虽然没有关于第一座模块化建筑的确切资料，但早期移民和城市化对住宅的需求催生了木盒子房屋的产生。第二次世界大战后，对住宅的需求则促进了混凝土模块的发展，1954年苏联政府在五年计划中提出要改善人民居住条件，在赫鲁晓夫的命令下建筑师开发了快速建造的模块化混凝土建筑，这些建筑后来被称为"赫鲁晓夫楼"。苏联从1956—1971年分三个阶段研制和建成了上百栋混凝土模块化建筑。这

图 5-15　混凝土模块化建筑加拿大蒙特利尔 Habitat 67，1967
（引自 flickr 网站）

图 5-16　钢结构模块化建筑，
日本东京中银舱体大楼，1972
（引自 wikimedia 网站）

一时期，最具代表性的则数摩西·萨夫迪1967年设计的Habitat 67（图5-15），一座由354个预制混凝土模块堆叠成的住宅。之后，钢结构模块成为主流，并开始向高层发展。1972年建成的东京中银舱体大楼地上共13层52m（图5-16），144个钢盒子模块环绕固定在两个混凝土核心周围。2016年，位于纽约大西洋广场的B2大楼建成，这座32层110m高的钢模块大楼是当时最高的模块化建筑。这个记录很快在2019年被40层140m高的新加坡Clement Canopy大楼打破，这是一座全混凝土模块大楼。新加坡建造局规定从2014年11月起，依据政府土地销售计划出售的地块上的建筑必须使用预制成品模块建造（prefabricated prefinished volumetric construction，PPVC）。近十几年，木结构模块再次发展，其结构发展自轻木框架和SIP板体系，同样是以木框架附加蒙板的做法。木结构模块主要用于低层住宅，相比框架和板式体系建造效率更高。

模块化建筑在我国则以临时的集装箱模块为代表，2018年利用钢结构模块体系建成雄安市民服务中心企业临时办公区，2020年武汉雷神山和火神山模块化临时应急医院建成。此外，混凝土模块在近些年也有所应用，特别是在政府保障性住房中，例如，2015年建成的镇江港南路公租房项目，2023年建成的深圳龙华樟坑径保障性住房。我国香港从2017年开始推广模块组装合成建造（modular integrated construction，MIC），并在2020年4月强制要求六类政府建筑（如学校和办公楼等）必须采用MIC系统。

除了纯模块堆叠式，模块化建筑还包括筒体–模块、平台–模块、框架–模块结构等类型（图5-17）。为实现高层模块化建筑，最常采用的结构类型是筒体–模块式，例如，东京中银舱体大楼和2020年建成的44层134m高的伦敦克罗伊登大楼（Croydon Tower）。在这种结构类型中，现浇的混凝土核心筒起到抵抗侧推力的作用，而模块主要支撑和传递竖向重力。实现高层的另一种方式是采用平台–模块式结构，在底下3~5层采用现场施工的混凝土或钢结构作为平台，在其上面搭建模块，例如，美国圣安东尼奥21层

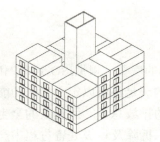 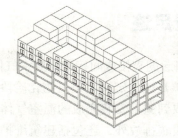 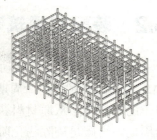

图 5-17　筒体－模块、平台－模块、框架－模块

的希尔顿酒店，以及60层高的墨尔本Colins House（其底部14层均用传统方法建造）。此外，还有一种框架-模块填充式的结构，在传统混凝土和钢框架内插入模块，依靠框架来协助抵抗侧推力，纽约大西洋广场的B2大楼部分采用了这种结构，一部分模块被插入中心框架。

装配式模块体系一般采用标准化的箱体模块单元。模块尺寸主要由功能房间和运输条件等决定。运输卡车是限制模块尺寸的主要因素，因此模块的宽和高一般在3.5m以内，长度一般不超过12m。另外，吊装过程对模块也有刚度和稳定性的要求，所以尺寸不宜过大。模块可按功能分为居住单元、卫浴单元、厨房单元、走廊单元、楼梯单元等。对于大空间，也可以由多个模块拼合而成。模块的预制程度可以很高，可在工厂内容预埋管线，安装好设备，完成装修。新加坡的PPVC（预制预装修模块建造）体系的目标就是在工厂内完成绝大部分生产和组装工作，在现场每个模块从起吊到安装仅需要8~10个技术工作人员。

模块也可以分为轻型和重型，轻型模块由连续的的龙骨承受荷载，重型模块主要由角柱支撑（李国强，2018）。轻钢模块主要由冷弯薄壁型钢构成，轻木模块由规格材和结构板组成。重型模块则由钢筋混凝土、重型型钢、胶合木等构成。模块化建筑中的连接包括模块单元内部构件间连接、相邻模块间连接和模块与外部支撑结构连接3种情况。钢结构模块之间主要依靠角部的螺栓连接，混凝土模块靠现浇混凝土或螺栓连接，木结构模块还可以采用螺钉或射钉连接。

由于模块在工厂内生产，质量可控，因此模块建筑可以实现低能耗、密闭性、环保性等绿色性能指标要求。同时模块建筑还可以实现模块单元的可拆除、异地重建、重复再利用等。有数据表明，模块化建造可以大幅度减少80%施工现场的建筑垃圾，从而减少材料浪费和垃圾处理带来的碳排放。此外，模块化建筑施工对脚手架、临时支撑的依赖更少。而且相比于频繁的运输和吊装小构件，模块化建造可以减少吊装次数，减少施工机械使用。

模块化建造主要碳排放来自工厂加工和运输，因此这两部分成为减碳的重点。杆件和板式构件在运输中可以高效地堆放，但模块通常每辆车只运输一个单元，箱体内的空间占据了大部分运输体积。为减少模块运输的碳排放，可以减小模块体积或缩短运输距离。为减小运输体积，可以在工厂内完成墙板和楼板的制作，等运输到场地后再组装成模块。但这种做法降低了模块的集成度，增加了现场的作业量。另一种做法是缩短模块的运输距离，也就是利用本地工厂生产模块。

5.2 装配式建筑碳足迹

碳足迹是指对某一活动引起的直接或间接产生温室气体的度量。根据ISO 14067和PAS 2050标准对全生命周期碳足迹的定义，建筑物化阶段的碳足迹可以定义为每功能单位的建筑产品从原材料获取到施工安装完成的温室气体的排放总量。而建筑的全生命周期隐含碳足迹除物化阶段碳排放外，还包括建筑维护、拆除及垃圾处置过程中产生的碳排放。

工业化的装配式建筑施工相比于传统施工方式可以降低20%~30%的能耗，减少约60%的材料损耗和80%的建筑垃圾，增加60%以上的可回收材料，这些都可有效减少建筑碳排放量（刘贵文，2021；蒋博雅，2017）。按照中国房地产行业的预计规模，如果全国10%的住宅采用装配式等工业化建造方式，每年节约能耗将相当于葛洲坝发电站2个月的发电量，减少混凝土损耗相当于5.1万户90m²小户型住宅的混凝土用量，减少钢材损耗超过1个鸟巢的用钢量。以上海某装配式项目为例，其预制化率为36.85%，在建造过程中建筑总的碳排放量为296.2kgCO$_2$/m³，若按传统的建造方式则为346.7kgCO$_2$/m³，装配式建造使建筑单位体积下碳排放量减少了50.5kg，实现碳减排14.6%（王玉，2017）。

装配式建筑的全生命周期包括建材生产、建材运输、构件加工、构件运输、现场组装、建筑运营、建筑维护、建筑拆除与垃圾处置（表5-2）。相比于传统建筑，装配式建筑生命周期的环节更多，主要是在构件的加工、运输和组装方面，但这3个阶段的总周期却比传统建筑更短。对于装配式建筑，各环节均有减碳的潜力，特别是对于零运营碳的建筑，更要重视隐含碳的减排。

表 5-2　装配式建筑全生命周期碳排放组成

建筑物化阶段					建筑运行阶段		建筑处置阶段	
建材生产	建材运输	构件加工	构件运输	现场组装	建筑运营	建筑维护	建筑拆除	垃圾处置
隐含碳					运营碳		隐含碳	

5.2.1 建材生产

建材生产碳排放是指建筑材料生产过程中产生的碳排放，主要来自原材料开采、加工、合成过程中能源消耗与化学反应产生的温室气体。建材生产阶段碳排放占全生命周期比重较大，因此，建材的选择将直接影响建筑物化阶段的碳排放量（李晓娟，2021）。

矿石的开采与冶炼、石油的开采和有机物的合成，不仅需要重型机械，而且需要高温加热，过程中都会产生大量的温室气体。同时木材砍伐和加工所用的机械，以及高温干燥的过程，同样会产生温室气体。

因此，减少建材生产阶段碳排放主要手段是减少材料的使用，采用低碳材料或选取可循环建材。为减少建材使用量，可以通过优化建筑体形及结构设计、减少建筑装饰材料等手段实现。建筑体形系数过大、外轮廓过于曲折、围护结构长度过长，都会增加建筑耗材，增大碳排放量。可以采用均匀对称的平面和剖面设计，降低体形系数。同时要进行合理且经济的结构系统设计，在保证建筑物合理跨度的基础上减少不必要的结构负荷。选取高性能的混凝土、钢材也可以减少建筑材料的使用量，因此，应加强对高强度、高性能的轻型材料的研发，如轻集料混凝土等。

除此之外，为降低碳排放量，建筑可采用轻型结构体系。在保证建筑结构性能的前提下，结构自重越轻，材料使用量越少，碳排放量则越少。例如，选用轻钢结构，同时集建筑节能保温、防火、隔声功能于一体，可以减少水泥、黏土砖、混凝土等建材的使用。通常情况下，钢结构楼地板自重平均为$0.7 \sim 0.9 t/m^2$，而钢筋混凝土结构达到$1.0 \sim 1.2 t/m^2$（王玉，2017）。如采用无黏结预应力混凝土结构技术可减轻结构自重，节约钢材约25%，节约混凝土约1/3。

原料开采、加工的过程中必然存在一定的损耗，降低材料损耗率能够有效减少建材生产阶段的碳排放量。优化装配式构件设计，减少生产材料浪费，也是减少材料碳排放的重要方法。例如，预制板材构件尺寸如果根据原材料板材尺寸进行设计，可以减少裁切浪费。设计遵循模数协调原则，以减少加工废料量。

对建材选用、使用进行监督和控制，还可以促进建筑节能减排，应优先选择能耗低和碳排放因子小的建筑材料。主要建材的碳排放因子差异很大（表5-3），普通碳钢为$2050 kgCO_2/t$，C30混凝土碳排放因子大约为$120 kgCO_2/t$，木材为$200 kgCO_2/t$，平板玻璃为$1130 kgCO_2/t$，聚氯乙烯为$7300 kgCO_2/t$。虽然建造单位面积建筑所需的建材重量有所不同，但通常钢结构的碳排放最高，混凝土结构次之，木结构最少。

表 5-3　主要建材碳排放因子（住房和城乡建设部，2019）

建材种类	碳排放因子	建材种类	碳排放因子
普通硅酸盐水泥	$735 kgCO_2/t$	铸造生铁	$2280 kgCO_2/t$
C30混凝土	$295 kgCO_2/m^3$	普通碳钢	$2050 kgCO_2/t$
C50混凝土	$295 kgCO_2/m^3$	平板玻璃	$1130 kgCO_2/t$
页岩石	$5.08 kgCO_2/t$	电解铝	$20\ 300 kgCO_2/t$
黏　土	$2.69 kgCO_2/t$	塑钢窗	$121 kgCO_2/m^3$
混凝土砖	$336 kgCO_2/m^3$	聚乙烯管	$3.60 kgCO_2/kg$
蒸压粉煤灰砖	$341 kgCO_2/m^3$	岩棉板	$1980 kgCO_2/t$
烧结粉煤灰实心砖	$134 kgCO_2/m^3$	硬泡聚氨酯板	$5220 kgCO_2/t$
木　材	$200 kgCO_2/t$	聚氯乙烯	$7300 kgCO_2/t$

同种建材可能有不同的生产加工工艺，应不断探索节能工艺，淘汰落后设备。选择低碳建材生产厂家可在材料生产源头有效减少碳排放，促进厂家淘汰高耗能的生产方式，在建材上游达到节能减排的目的。生产厂家也应调整和优化产业结构，减少加工次数，淘汰落后工艺和产品，提高劳动生产率，降低资源消耗。用绿色环保材料替代传统高耗能材料及生产过程中的部分添加材料，可以有效减少污染并降低生产过程中的碳排放（图5-18）。

图 5-18　加拿大 Kalesnikoff Lumbe 公司木材生产工厂
（引自 flickr 网站）

图 5-19　使用旧砖作为墙体材料（丹麦哥本哈根 Resource Rows 项目，2019）
（引自 flickr 网站）

为减少碳排放，还应尽量采用绿色建材与3R建材，降低不可再生材料的使用率。3R建材可以最大限度地减少材料消耗，回收建筑施工和拆除产生的废弃物，合理使用可再利用材料与可再循环材料，实现材料资源的循环使用，从而减少碳排放（图5-19）。

5.2.2　构件加工

构件加工碳排放是指将建材加工成用于装配的预制构件而产生的碳排放。构件加工阶段的碳排放主要来源于工厂内进行构件生产、制造和搬运过程中的人工和机械能源消耗。由于大部分建筑建造内容是在现场完成，构件加工碳排放在传统建造中通常不做统计，但在装配式建筑中，此部分碳排放很可能高于现场建造的碳排放。

研究表明，构件工厂预制和现场装配可以通过节省主要建材（钢材、水泥）和节约施工现场能耗，降低建筑建造的碳排放量。且随着预制率的提高，将进一步提高建材生产阶段建材的节约量，减少施工阶段的电力消耗和材料消耗。中国香港地区预制混凝土住宅的预制比率在45%~50%；日本则要求全套住宅建造过程中的2/3或以上在工厂完成，建筑主要结构部件均为工厂生产的规格化部件，85%以上的高层集合住宅都不同程度地使用了预制构件，但我国装配式建筑的预制率还相对较低。

降低构件加工阶段碳排放的关键是提高生产效率，降低机械能耗。一方面通过合理的构件设计来减少加工步骤、简化操作；另一方面合理规划加工操作流程，减少加工操作时间，降低机械使用。同时，预制构件的生产有特定的工艺流程，应当优化生产工序，统一技术标准和规范，这不仅能够节约材料，还能减少工人和施工机械的待工时间，提高工作效率，减少不必要的人工和能源消耗。此外，还应促进生产自动化、机械化及流水线作业，利用自动化流水线和智能控制系统可以帮助减少机器的空转时间。

对于装配式模块化体系，还可以在工厂内进行组装。合理规划组装步骤、减少组装节点、降低组装复杂度是提高组装效率和降低碳排放的有效方法。

对于机械设备，可以选取先进的节能机械，或者也可以采用以新能源为动力的机械。新能源一般是指在新技术基础上加以开发利用的可再生能源，包括太阳能、生物质能、风能、地热能、潮汐能等。新能源机械可以为碳减排提供有效的保障，属于零碳排放设备。

对于减少工厂内构件加工时产生的人工碳排放，可以通过设置合理的组织结构模式，合理安排组织加工人员，以提升作业人员的沟通效率。除此之外，还应加强施工现场的管理，完善监管制度，增强管理人员和施工人员的节能环保意识，实现人工减碳。

5.2.3 建材及构件运输

该阶段的碳排放主要来源于建材和构件的装载、运输、卸载过程中，起重及运输机械所消耗的能源，通常是建筑生产能耗的5%~15%。构件运输阶段可以细分为垂直运输和水平运输（图5-20）。

图 5-20 垂直运输和水平运输衔接（引自 getarchive 网站）

垂直运输主要的碳排放量包括龙门吊、叉车、汽车吊等机械设备搬运构件时的能源消耗，主要的影响因素是机械设备的选取，以及搬运的组织安排。应按照建材及构件的规格条件选择合适吨位的起重机械，合理简化吊装车辆的种类，尽量兼顾不同重量、不同规格尺寸的构件或模块，权衡起重机械的使用性能及经济效率，从而实现运输低碳控制。通常，选用成组的小型、可达性强的起重机吊装比大型起重机更为经济、低碳。

水平运输阶段的影响因素比较多，包括交通运输工具本身的选取、额定载重和实际载重、运输距离、运输路线规划、运输环境、工人对运输工具的操作方式等（叶堃晖，2017）。公路运输每千米每吨平均碳排放为0.0556kg，铁路运输为0.0165kg，水运为0.0133kg（表5-4）（李学东，2009）。因此，对于大部分建筑材料，在面临铁路、公路、水路和航空4种运输方式的时候，应当优先选择能耗较低的水路运输方式，其次是铁路运输，最后是公路运输；远距离运输尽量选择水路及铁路，短途可以采用公路运输。

表 5-4 不同运输形式碳排放因子

运输形式	公路	铁路	水路	航空
碳排放因子kgCO$_2$/（t·km）	0.0556	0.0165	0.0133	1.2922

为减少运输碳排放，还应科学规划货物装载流程、缩短工厂与建造现场的距离、采用清洁能源。缩短运输距离是运输阶段最直接的减碳策略，在其他条件相近的情况下，应优先选择距离施工现场较近的材料供应厂，以减少运输机械的能源消耗量。同时，应选取靠近施工现场的工厂完成预制构件制作，或直接在建造场地附近建立工厂完成构件加工。

与传统建造中原材料直接运输到场地不同，装配式建筑要同时考虑从原材料生产到构件加工厂和构件加工厂到场地的距离。不能因为将构件加工厂设在建造场地附近而忽略原材料的运输距离。因此，尽量形成区域性的产业链，将上下游产品供应限定在一定区域内。该产业链中不仅包括原材料和构件生产，还应包括管线、设备、加工和建造机械等其他建造相关产业。

此外，还应根据货物重量选择合适的载重汽车，根据货物尺寸尽可能提升每辆车的运货量，同时提高车辆返程利用率，降低空载率。在建筑建造过程中，可根据施工安排，规划好材料运输时间，尽量做到即运即建，或合理设置堆放场地，减少二次运输及因建材堆放造成的材料浪费。为避免建筑材料运输、堆放及使用过程中造成的材料损耗，建材还应做到包装完善、规范运输、妥善保管。

5.2.4 现场组装

现场组装碳排放是指建筑现场施工活动中各种机械设备和人员相关活动产生的碳排放。现场施工碳排放主要测算分部分项工程和措施项目工程碳排放量，分部分项工程分为土石方工程、桩基础工程、主体结构工程和装饰工程，措施项目主要包括脚手架、模板及支撑、垂直运输、大型机械进出场等。此外，施工人员的现场临时办公和居住活动用房的照明、空调设备等能耗都会产生碳排放。目前，我国对施工阶段的能耗分析较少，有研究表明建筑施工阶段能耗占建筑全生命周期能耗的20%左右，在低能耗建筑中甚至高达40%~60%（王玉，2017）。

装配式建筑组装阶段需要在施工现场完成构件的绑扎、起吊、就位、临时固定、校正和最后固定一系列的吊装安装作业。碳排放主要来源于现场加工、预制构件安装过程中的人工、材料、机械消耗，以及工作人员办公和生活耗能。施工机械可分为运输机械、安装机械和其他辅助机械。其中运输机械负责将运输到场地的构件、材料运输到指定安装位置，在建筑施工能耗中比重较大。安装机械的使用与建筑节点数量和复杂程度有关，最理想的安装方式是不需要对节点进行任何操作，直接对位卡紧，如同海运集装箱堆叠一样。其他辅助机械包括装饰装修机械、安全维护机械等。

装配式建造现场减碳的最大优势来自缩短工期（图5-21）。相比传统建筑，装配式建筑可以缩短工期30%以上（王玉，2017），可大幅减少现场各类机械的使用时间，降低机械能耗。施工期长短也直接影响现场办公和生活的能耗。在保证建筑质量的前提下，对施工进度进行合理规划并且严格按照施工进度进行施工，如果能够按时或者提前完成施工就会减少施工机械台班以及人工作业量，从而减少施工安装阶段的碳排放量。

图 5-21　传统施工与装配式建筑施工对比（引自 flickr 和 getarchive 网站）

为降低现场组装阶段的碳排放，需对建筑施工的各个环节、主要工艺、作业流程、技术装备等各方面进行系统的提升。大型机械选用力求合理，尽可能采用能效比较高的设备，简化机械设备的种类，同时引入手持式电动设备方便工人现场的安装和拆卸作业。配置使用系数合理的机械设备，优化施工工序，提高施工机械的使用效率，减少机械低负荷运转和机具空转频率。此外，选择高效节能的施工机械设备对减少碳排放量也有很大的影响，因此，在施工机械选型时应考虑其适用性、高效节能和清洁能源的使用，及时淘汰陈旧的高耗能机械设备，使用新技术、新设备、新工艺。

为减少现场运输的碳排放，应合理摆放和储存建筑构件及材料，按照安装顺序和型号分类堆放构件，确保堆垛位于起重机械的工作范围内，且不受其他施工作业影响。优化塔吊数量与平面布置，按照类别集中堆放吊运物件，减少运输能耗。还可以采取及时化生产技术，合理规划运输车辆停靠，缩短构件的现场运输距离，从而降低运输机械的耗能。

科学化、智能化和低碳化的管理模式能够间接减少材料和能源的消耗量，减少现场废弃物的产生。因此，应制定节材措施减少建筑垃圾，增加可循环材料的使用比例，提高模板和脚手架的利用率。减少或者避免在施工过程中的返工，同时确保质量，延长建筑物的使用年限，减少维修的次数，从而减少建筑物的碳排放量。

在设计组装方案时，可以通过科学管理和技术，指导绿色施工，优化施工组织方案，考虑节水、节电、节能等因素。各建设项目参与方，尤其是施工方，应当加强现场施工管理，宣传和培训绿色施工理念，提高现场管理人员和工人的环保意识，提高工人工作效率，减少浪费。在生产和生活中尽量选择节能灯具和装置，减少施工用电量，充分利用自然水源，实现雨水和废水的再利用。

5.2.5　建筑维护

建筑维护碳排放是指因建筑材料、构件和设备老化而进行更新维护时所产生的碳排放。建筑维护阶段的碳排放主要来自建筑物维修、翻新过程中的人工、材料和机械消耗，包括新构件的建材生产、构件加工、运输和安装，以及旧构件的拆除、运输和处置过程中的材料和能源消耗。整个维护过程与装配式建筑全生命周期类似，只是施工规模更小，甚至只涉及单个构件的替换。

建筑的维护频率取决于构件的寿命和使用情况。在建筑物运行过程中，部分材料或构件达到自然寿命则需要对其更新或维护。对于永久性建筑，结构构件应具有50年以上的寿命，而围护和装饰构件的寿命因材料和形式的不同而有所差异。一般钢构件和混凝土构件寿命较长，而木构件和塑料构件寿命较短。此外，门窗和设备等构件还会随着技术的更新而升级换代。

装配式建筑因为在工厂生产，质量品质更高，可以减少维护次数。相比之下，传统现场施工的建筑难以保证施工质量，导致结构和装饰容易出现损坏、脱落和开裂等问题。另外，装配式建筑相比传统建筑更易于维护，特别是在设计之初已经考虑了易替换性。装配式建筑通常会建立构件库，并采用标准化生产，因此在替换时无须定制生产新产品。这使得装配式建筑的维护施工更加简便，同时替换下来的构件也可以回收再利用。

减少维护碳排放最有效的方式是提高构件和建造质量，减少维护次数。延长建筑寿命可以减少建筑全生命周期内平均每年的碳排放量。而延长构件的寿命可以减少维护次数，进而全面减少材料与构件生产、运输和施工的碳排放。延长构件寿命可以从材料和形式两方面入手，一方面是要增强材料的耐久性；另一方面是要避免采用易于损坏的构件形式和节点设计，如脆弱的凸出部位。同时，良好的围护构造设计可以避免构件因渗漏、湿气或冷热缩胀产生破坏。

此外，应尽量避免二次装修，多使用可拆卸结构与材料，以减少浪费。许多建筑在建造时都会进行简单装修，而用户在入住后又要进行二次装修，将原有的墙面、瓷砖、卫生洁具等替换，造成巨大浪费。因此，一步到位的建筑与装修一体化设计可以降低资源消耗，而可拆卸结构与材料，在拆卸后可作它用，以此增加构件的寿命，达到节能减排的目的。

5.2.6　建筑拆除与垃圾处置

建筑拆除与垃圾处置碳排放是指在建筑物拆除和废弃物处理过程中因所用机械、人工和运输工具等产生的碳排放。该阶段的碳排放主要来源于拆除机械运行所消耗的能源、建筑废弃物运输和处理消耗的能源、材料构件回收循环利用所"抵消"的碳排放。相对于传统建筑，装配式建筑因易于拆除，拆除机械使用较少，且拆除周期短，从而使建筑拆除碳排放相对较少，通常不到现场建造碳排放的10%。垃圾处置的碳排放主要来自运输工具的能耗以及废弃物处理、回收过程中的能耗等。建筑垃圾的焚烧或填埋会产生大量的碳排放，甚至可以超过材料生产的碳排放。但建材的回收利用可以替代新材料生产的碳排放，是有效的减排方式。

建筑拆除能耗主要与拆除作业的机器设备、施工工艺和拆除数量有关。由于建筑物结构的不同，拆除方法也各异，但都需要大量的人力和机械设备来协同作业。为减少拆除碳排放，应加强拆除施工管理，推动研发并使用先进的拆除施工技术，以减少由于拆除施工导致的环境污染。

建筑拆除后的材料和构件一般有3种处置方式，分别是回收利用、垃圾填埋和垃圾焚烧。拆除后的材料和构件被运送到回收厂和垃圾处理厂，所以在处置过程中首先产生碳排放的是垃圾的运输。因此，垃圾最好能够就近回收或处理，避免长途运输。而相比填埋，垃圾焚烧的碳排放更高，如木材焚烧的碳排放因子比填埋高40%左右。

根据材料属性的不同，建材垃圾回收、填埋和焚烧的比例不同（表5-5）。据研究表明，钢材的回收比例较高，可达到80%以上，多达50%的新建钢结构的材料来自废旧钢材；其次是混凝土，回收比例可达到55%；最后为木材，回收比例在40%左右（王玉，2017）。尽管建筑玻璃和木材可全部或部分回收，但回收后的玻璃一般不再用于建筑，木材也很难不经处理而直接应用于建筑中。回收的建材循环再生过程同样需要消耗能源，产生碳排放，例如，我国回收钢材重新加工的能耗为钢材原始生产能耗的20%~50%，可循环再生铝生产能耗是原生铝的5%~8%。

表 5-5　主要建筑材料回收系数（王玉，2017）

材料	钢材	铝材	铜	钢筋	混凝土	木材
回收系数	0.80	0.85	0.90	0.40	0.55	0.40

建筑拆除阶段的碳排放量虽然不高，但通过合理拆除建筑，可以增加材料和构件的回收利用率，从而减少建材生产过程中的碳排放。根据《建筑碳排放计算标准》，在碳排放计算时，回收材料可抵消建材生产碳排放的50%。因此，在建筑拆除和回收时，应制定详细的拆除方案而非毁灭性暴力拆除。对建筑结构进行分类拆除便于对不同类型的废弃物进行分类处理和再利用，根据可回收性、处理方式等对建筑垃圾进行分类处理，可以提高回收利用率，降低建筑废弃物的处理难度。目前，建筑改建或拆除施工作业主要依靠人工管理，信息化水平相对较低，随着物联网、监测技术、信息技术等在建筑拆除施工的应用，可以制订更科学、更环保的拆除方案。

我国传统木构建筑在拆除后，大部分构件都可以重复利用，甚至有拆除后异地用旧材料重建的案例（图5-22）。然而，混凝土现浇建筑拆除后的材料通常只能当作垃圾

图 5-22　传统木结构与现代混凝土建筑拆除对比（引自 wikimedia 网站）

处理，现在虽然有回收作为新混凝土骨料的可能，但利用率仍较低。而对于装配式建筑，易于拆解的节点设计和标准化构件，让拆除后的构件有重新利用的潜能。一种是直接利用拆除后的构件建造新的建筑，如利用回收的集装箱模块进行重新设计和建造；另一种是将构件或材料加工成新建筑所需构件。

建筑拆除后的废弃物还可以通过回收再利用设备、工艺和技术进行处理，实现建筑垃圾就地处理、回收及使用，提高建筑废弃物的利用效率，减少多次运输造成的环境污染。将建筑垃圾中的建筑渣土部分，经过分类与安全鉴定，确认其未掺杂重金属等物质后，可以选择通过现场填埋、园林绿化中堆造假山的方式处理，该方法简单实用的同时减少了建筑垃圾运输及处置的碳排放。

针对预制装配式建筑垃圾采取分类处理回收技术，可以有效地提升建筑材料的回收利用效率。欧盟和日本在建筑废弃物资源化方面已取得显著成就，建筑废弃物资源化率分别接近90%和98%，2010年欧盟提出建筑可持续发展目标之一是使建筑垃圾再循环达到90%以上，而我国建筑废弃物资源化率不足5%，与国外发达国家相比存在明显差距。通过对砖、石、混凝土等建筑垃圾进行分选、破碎和筛分，可以制成粗细骨料，代替天然骨料用于配制混凝土和道路基层材料，从而节约天然矿物资源，减少固体废物对环境的污染，实现材料的循环利用。将废弃平板玻璃回收后，可压碎处理成碎玻璃，再次用作玻璃原料或玻璃混凝土，以废弃的玻璃作为骨料还可降低混凝土的腐蚀性。塑料制品回收后可挤压作为原料，融合形成塑胶木材，寿命为木制品的10倍。

此外，提前拆除不到使用年限的建筑也会导致资源浪费，加剧碳排放。目前，我国不少拆除住宅的使用年限只有30年左右，而欧洲建筑平均寿命为80多年，其中法国建筑平均寿命达到102年。因此，我国在设法降低拆除能耗的同时，还应延长建筑物的使用寿命，避免资源的过度浪费。尽管我国住宅建筑的设计使用年限一般为50年，但大多数建筑还未达到设计使用年限就已经报废拆除。在建筑全生命周期过程中，前期生产、运输、施工过程的碳排放是既定的，提早拆除就导致平均分摊到每年的碳排放量大大增加。因此，应当尽量延长建筑的实际使用年限，避免不必要的拆除和改造，并在建设过程中多使用耐久性好的建材，以降低平均碳排放量和资源浪费。

5.3 装配式建筑减碳技术

2016年发布的《关于大力发展装配式建筑的指导意见》中提出要推广绿色建材，提高其在装配式建筑中的应用比例，开发应用品质优良、节能环保、功能良好的新型建筑材料，并加快推进绿色建材评价工作。发展装配式建筑是建造方式的重大变革，有利于节约资源，减少施工污染，提升劳动生产效率和质量安全水平，有利于促进建筑业与信息化工业化深度融合，培育新产业和新动能。

装配式建筑的碳排放和传统建筑相比有所降低，但为进一步降低碳排放还需要从设计、加工、组装、拆除全流程入手，优化各环节。虽然建筑设计阶段本身产生的碳排放较少，但是会对后续各环节的碳排放产生很大影响，不合理的设计会增加生产和建造等环节的碳排放。在传统设计中，通常会从场地或功能入手，在设计初期很少会考虑加工和建造的问题。当初步设计完成后，再进行碳排放计算，并提出优化措施，但因为此时整体方案已经确定，因此提升改进幅度有限。面向制造和装配的设计要求尽量减少加工和组装步骤，以避免材料浪费，同时提升建造效率和品质。并行设计强调应尽早考虑与碳排放有关的加工和建造环节，将方案设计与建造设计同时推进。集成设计是将结构、围护、管道、装修等全部集成在预制构件上，这样一方面可以减少现场所需安装的构件数量；另一方面可以避免施工不精确带来的结构、设备和围护之间的冲突。

利用BIM技术进行协同设计、碳排放模拟、施工方案规划和运行维护监督等，可以有效降低碳排放。通过BIM进行多专业协同，各专业人员可以尽早地开展低碳设计合作，并使得绿色建筑专业技术人员可以及时地参与进来。同时BIM的技术可以构建详细的构件信息、建造信息与碳排放信息。利用这些信息，能借助BIM软件的相关功能进行能耗模拟和全生命周期碳排放计算。BIM还可以进行加工和组装过程模拟，从而发现建造过程中的高碳排放环节，以进行优化。最后，在建筑运行维护和后期拆除中，BIM同样可以起到监督和指导作用。

精益生产是一种系统性的生产方法，其目标在于减少生产过程中的浪费。相对传统粗放式的生产和建造过程，精益理念要求需要考虑加工和组装的每一个环节，以尽可能地削减无价值的操作和材料构件。智慧建造是针对加工和组装环节的减碳手段，它通过信息化技术、科学的规划和管理，提升建造效率，对施工过程实施监督，减少碳排放。

可拆卸设计虽然是设计手段，但解决的是建筑拆除处置过程中的碳排放问题。对建筑进行有针对性的可拆卸设计，可以增加材料和构件的回收利用率。虽然装配式建筑相比传统建筑已经易于拆卸，但节点设计、构件强度、安装顺序等仍影响装配式建筑的可拆卸性。

5.3.1　面向制造和装配的设计

面向制造和装配的设计（design for manufacturing and assembly，DFMA）是整合了可制造性设计（DFM）和可装配性设计（DFA）两个概念的设计方法论，其目的是通过优化系统和构件设计来简化构件制造和装配过程，进而提高生产效率（图5-23）。面向制造和装配的设计方法注重对建造过程的设计和管理，强调在早期设计阶段引入对生产和组装的考虑，改变了传统模式中设计、生产、施工分离的局面。这种方法作为一种精益化设计和管理方式，不仅关注建筑系统和构件的精细设计，以提升建筑的施工效率和品质，还致力于减少碳排放。通过在设计早期的优化，可有效避免后期的施工困难和返工的情况。面向制造和装配的设计理念还注重团队的协作，生产方和施工方在早期设计阶段就参与到项目当中，因此各方利益以及可能遇到的问题可尽早得到解决，避免后期可能出现的冲突。

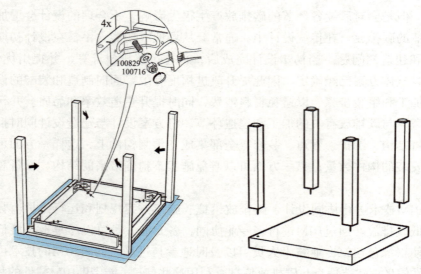

图 5-23　通过 DFMA 方法对桌子设计的优化（左 49 个零件，右 5 个零件）（引自 IKEA 说明书）

英国皇家建筑师学会（Royal Institute of British Architects，RIBA）在 2016 年发布了《面向制造与装配的设计：基于 RIBA 工作计划 2013》。该文件在 8 个 RIBA 工作阶段计划的基础上，进一步提出加工和组装的要求。文中指出，面向制造和装配的设计是一种通过简化工厂生产流程和最小化现场建造需求的方法，可以加快建造进程，并实现对资源的高效利用。从而帮助英国政府实现在《建造 2025》中提出的降低 33% 成本，加快 50% 交货速度，降低 50% 碳排放，提高 50% 出口的目标。新加坡建设局在 2016 年发布了《BIM 在面向制造和装配的设计中应用的基本指南》，指导 BIM 和面向制造和装配的设计方法相结合。之后，在 2019 年发布的《面向制造和装配的设计在 PPVC 中的应用指南》中详尽地描述了 PPVC 的设计、生产、运输、安装、检验和维护原则，通过这条途径可以减少 70% 以上的现场劳动力。

根据面向制造和装配的设计方法，实现高质、高效的装配工艺应遵循下面几项原则：①最为重要的是减少零配件数量以及紧固件的数目和类型。②应使用基本件定位其他构件，将其他构件安装在此基本件上，在装配中避免二次定位。③零配件应对称设计，以提高构件的安装正确率。当装配连接件与插入轴不对称时要将不对称性表达清楚，以确保连接件按正确的方式安装。装配过程中应将零件通过直线方式装配，即所有操作应沿同一方向完成作，以减少装配运动。④应充分利用斜面、倒角和柔性实现零件的插入和调整，使其有最大的可接近性，方便人手或机械操作。

除了以上提出的装配原则，还应合理地控制公差。容许误差是公差控制的技术手段，在生产、装配及使用中都要考虑到构件的误差。在设计阶段为生产和装配误差留有余地是非常必要的，为此，需要在设计中采取一系列的措施，如设置构件上的长孔、柔性垫圈、弹性连接以及预留接缝连接等。

通过这些方式，面向制造和装配的设计方法能够优化设计、改进预制组件和组装过程，从而减少建筑过程中的资源浪费、提高能效，并减少建筑物的整体碳足迹，是实现低碳建筑的重要工具。

5.3.2 并行设计

并行设计是一种强调任务同步进行的工作方法（图5-24）。与之相对，传统建筑设计采用顺序工程方法，即建筑师完成方案设计后，交给工程师完成结构和水暖电设计，接着交由施工方进行施工，最后交给客户投入运行。在方案设计阶段，很少会考虑后续环节的实施情况，导致出现后续环节和前期设计发生冲突的局面，需要重新设计，或者使不合理的方案继续推进，造成浪费。并行设计要求后续环节与前一环节叠加进行，即后续环节的负责人需要提早介入前置环节。这种工作方式可以提早预见后续问题，以便及时做出修正和调整。

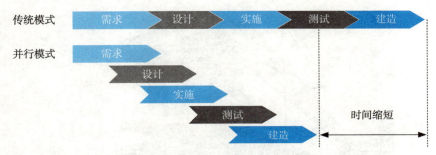

图 5-24　传统模式与并行模式对比

装配式建筑涉及较多环节，如果各环节之间相互脱节，将造成额外的工作量导致材料的浪费。因此，有必要采用并行设计，在方案设计环节就让工程师介入，提出各方面的节碳措施。在方案深化过程中，尽早让构件生产方和施工方介入，提出生产和组装意见，避免方案难以实施。并行设计可以在设计过程的早期阶段发现错误和修改需求，如果尽早定位和解决这些问题，就可以避免引入更复杂的解决方案，并减少实际生产和组装阶段因修改设计而造成的浪费。

并行设计的减碳意义在于缩短建造工期，减少材料浪费。并行设计的主要目的并不在于缩短设计阶段的时间，而在于通过合理的设计来提升后续加工和组装环节的效率，减少不必要的返工和纠错，从而减少机械运行过程中的碳排放。另外，工程师和生产方可以尽早地提出构件优化的建议，这将避免不合理设计造成的材料浪费，从而减少碳排放。

5.3.3 集成设计

集成设计（integrated design）是一种全面的整体设计方法，它将以往通常单独考虑的内容结合在一起，旨在全面考虑并平衡决策过程中所需的各种因素及相应的调整措施（刘东卫，2020）。集成设计基于并行工程思想，它利用现代信息技术将传统设计过程中相对独立的阶段、活动及信息有效地结合起来，强调产品设计及其过程同时交叉进行，目标是为了减少设计过程的多次反复，力求使产品开发人员在设计一开始就考虑到产品全生命周期的所有因素，从而最大限度地提高设计效率、降低生产成本。

装配式建筑的集成设计是指建筑结构系统、外围护系统、设备与管线系统、内装系统一体化。集成化是一种设计思维，通过综合统筹不同建筑系统的设计，使得在构件生产时便集成全部建筑系统，使构件具有多功能性。新加坡推广的PPVC系统和我国香港推行的MIC（组装合成建筑法）采用的都是集成模块设计（图5-25）。集成化设计虽然增加了工厂的工作量，但可以减少现场不必要的浪费。随着集成化程度的提高，现场组装的工作量递减、步骤趋于简单，建造效率得到越高。高度预制后的模块在现场组装时可以减少连接节点的个数，缩小安装误差，节省大量的安装时间。集成设计可以避免不同专业间的冲突造成的施工延长问题，并且能够整合建筑生命周期管理，从而创造低碳建筑。

图 5-25　集成模块化建造（引自 flickr 网站）

　　为实现集成设计，需要多专业协同，利用BIM等信息化工具共享和交流设计，即协同设计。协同设计（collaborative design）指的是各专业、各环节一体化的设计方法。它涉及建造全过程中的整体性和系统性。协同思维突破传统项目分散与局部的思路，以一种连续完整的思维方式覆盖项目实施的全系统与全流程。协同设计的关键在于参与各方需要树立协同意识，确保在设计的各个阶段都能与合作方实现信息的互联互通，从而保障工程上所有信息的正确性。

　　在装配式建筑设计中，通过协同设计使建筑、结构设备、装修等专业的相互配合，通过运用信息化技术手段，可以达到建筑设计、生产运输施工安装等一体化设计。特别是引入绿色建筑工程师的协同，将成为减少碳排放的关键。通过一定的组织方式建立协同关系，可以最大限度地达成建设各阶段任务的最优效果，实现全面的减碳。

5.3.4　BIM 技术

　　住房和城乡建设部2015年发布的《推进建筑信息模型应用指导意见》中提出要鼓励在绿色建筑设计中应用BIM技术，特别是在国有资金投资为主的大中型建筑，以及申报绿色建筑的公共建筑和绿色生态示范小区中。在装配式建筑中，可利用BIM的可视化、一体化、参数化、仿真性、协调性、可出图性和信息完备性等特点，将其应用于装配式项目的方案策划、招投标管理、设计、施工、竣工交付和运维管理等全生命周期的各个阶段中。BIM技术与绿色建筑、装配式、物联网等的结合应用将是未来的趋势。

现在，可用于建筑的BIM软件众多，按软件用途可分为建模软件、深化设计软件、分析软件、施工管理软件等。常用的建模软件包括Revit、ArchiCAD、Tekla，近些年广联达、斯维尔、鲁班、盈建科、PKPM、鸿业等国产BIM软件也在快速发展。

装配式建筑的核心是集成，BIM技术则是有效的集成设计手段。通过合理运用BIM技术，可将策划、设计、生产、施工、运维等全过程，以及建筑、结构、机电与装修等全专业有机融合，高效服务于建筑的全生命周期。基于BIM的信息化技术具有精细化设计能力和贯穿建筑全生命周期的项目管理等特性，完全契合装配式建筑一体化的建造理念。基于BIM的信息化技术的应用，可以有效解决装配式建筑全生命周期的关键技术问题，有助于低碳目标的实现。

在前期设计中，可通过BIM进行多专业协同的并行设计，尽早对碳排放进行预测，提出减碳措施。同时还可以利用BIM模型可进行建筑绿色评估，例如，能耗分析、日照分析、风环境分析等，并据此提出可持续优化措施（图5-26）。在BIM模型的三维视图中，设计人员可以直观地观察预制构件之间的契合度，并利用BIM技术的碰撞检测功能，细致分析预制构件结构连接节点的可靠性，排除预制构件之间的装配冲突，从而避免由于设计粗糙而影响预制构件的安装定位，减少由于设计误差带来的工期延误和材料资源的浪费。

在施工前，可利用BIM技术实现可视化技术交底，通过三维展示，使交底更直观，各部门沟通更高效。通过BIM模型对加工和组装方案进行模拟，有助于提出优化建议，

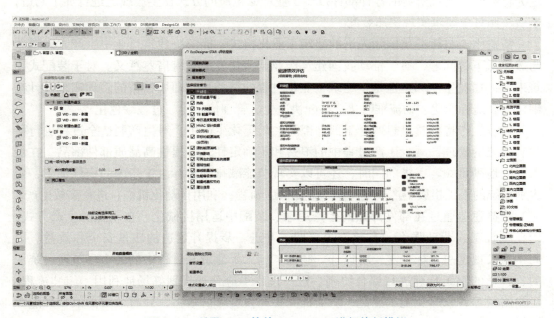

图 5-26　利用 BIM 软件 ArchiCAD 进行能耗模拟

进而改进加工和组装流程。通过施工模拟功能可以发现施工问题，进而及时对设计方案进行修改，使得生产和组装工艺得到改进。而将BIM应用于施工管理，能够减少和避免施工错误导致的返工，提高施工效率和质量。另外，利用BIM技术优化施工场地布置，包括对垂直机械、临时设施、构配件等位置的合理布置，可以优化临时道路、车辆运输路线，降低二次搬运的浪费，进而降低施工成本，提升施工机械吊装效率，减少能源消耗。并且在建造的整个过程中，BIM都可对施工进程进行实时监督，分析发现影响进度的因素。

在建筑运行中，通过传感器传回数据，BIM还可以对运行能耗进行实时监测。通过BIM技术结合物联网技术的应用，可以帮助用户对能源使用情况进行监控与管理，辅助采用能源管理系统，可对能源消耗情况自动进行统计分析，并且可以对异常使用情况进行警告。结合智能控制系统，可以实现对能源使用的调控。此外，根据BIM中储存的构件及设备等的寿命信息，还可以及时对其进行更新维护。

5.3.5 精益生产与建造

精益生产是一种系统性的生产方法，其目标在于减少生产过程中的无益浪费，进而创造经济价值。简单来说，精益生产的核心是用最少的工作，创造最大的价值。精益建造是由精益生产延伸而来，是针对建筑产品的全生命周期，想要持续地减少和消除浪费，最大限度地满足建造要求的系统性方法，同时这种方法可以帮助减少碳排放。

通过近年对精益制造理论和实施案例的研究，相关学者总结出了精益制造体系中运用成熟的方法，包括准时生产、自动化、单元生产、快速换模、现场管理、可视化管理、标准化作业等。精益理念也适用于装配式建筑的生产和建造过程，这种方式体现为将装配式建筑所需的各种部件按照工业产品生产的方式在生产线上进行加工制造，最后按照订单要求实现快速装配。

精益生产与建造是国际先进的建筑工业化模式，能解决建筑行业中生产方式粗放与效率低下等问题，对于推动我国建筑产业现代化发展具有借鉴意义。对于装配式建筑来说，精益生产和建造是指建筑工业化过程的精益化，即用精益的管理实现设计精细化、制造标准化、物流准时化、装配快速化、管理信息化、过程绿色化。

精益生产将精益思想融合于部件部品的工厂化生产中，对生产制造全过程进行科学、系统的管理，减少生产过程中的浪费和不确定性，并提供高品质部件部品，在最大限度地满足顾客需求的同时，还可以实现节能减排的目标。工厂内的构件加工，应告别传统的手工粗放生产模式，精细规划加工流程，利用自动化机械，进行高效生产。

精益建造通过在部件部品的生产运输、装配中运用机械化、自动化的生产方式，旨在减轻工人劳动强度，有效缩短工期，并进一步提升建造的质量安全和效益。因此，为实现这一目标，需要将设计、制造、施工等建造全过程中的各个环节通过统一的、科学的组织管理进行综合协调。这一过程中应合理规划好场地利用、组装流程、运输路径等，以避免施工混乱，从而提高提高投资者的效益，并有效减少浪费和能源消耗。

5.3.6 智慧建造

智慧建造是指在建造过程中，充分应用BIM、物联网、大数据、人工智能、移动通信、云计算及虚拟现实等新一代信息技术与机器人等相关设备，通过人机交互、感知、决策、执行和反馈，最大程度减少人力依赖，从体力替代逐步发展到脑力增强，进而提高工程建造的生产力和效率，并提升人的创造力和科学决策能力（毛志兵，2022）。这一过程是通过信息技术在工程建造全过程中的应用，实现设计、生产、运输、施工、装配、运维等全过程的信息数据传递和共享，从而支持协同设计、协同生产、协同装配的实施，实现减少差错、避免返工、节约资源并减少碳排放的目的。

智能建造是将数字化、智能化、信息化技术广泛应用于建筑领域，以实现建筑的高效、绿色、可持续发展。2020年7月，住房和城乡建设部等十三个部门联合印发《关于推动智能建造与建筑工业化协同发展的指导意见》，其中明确提出的首要目标便是以大力发展装配式建筑为重点，推动建筑工业化升级。指导意见旨在通过智能化技术优化建筑的测量、规划、设计、制造及施工等各环节。文件中明确要求实现工程建设项目全生命期的建筑绿色化，推动建立建筑业的绿色供应链，提高建筑垃圾的利用水平，促进建筑业绿色改造和产业升级。

智慧建造集成了物联网、5G、人工智能等前沿技术，其核心在于以BIM和信息化技术为基础，通过设计、生产、运输、施工、装配、运维等全过程的信息数据传递和共享，实现建筑、结构、机电、装饰全专业的协同设计。通过BIM交互，智慧建造实现了从设计到工厂加工、现场施工、运维的纵向贯通，提高了建造的精细化水平，避免了"错漏碰缺"等问题，从而节约了能源资源。此外，通过BIM模型结合VR技术，可以对组装人员进行虚拟组装培训，进而提高工人组装熟练度，减少组装时间。

物联网（internet of things，IOT）是指通过信息传感设备，按约定的协议，可以将任何物品与互联网相连接，实现信息交换和通信，以达到智能化识别、定位、跟踪、监控和管理的一种网络技术。在建筑领域中，物联网的应用高度依赖于各种集成技术，如RFID（射频识别）、传感器和BIM。这些技术的应用使得装配式建筑的供应链管理具备实时可见性和可追溯性，有效节省时间和成本，实现信息共享和自动化管理。此外，还有研究提出碳排放量的收集与排放量可视化也能通过物联网技术的应用实现，其目的是减少排放，节省人工和成本，提高决策制定的准确性。

通过利用RFID对构件进行追踪管理，可以有效减少施工错误，并实现进度跟踪（毛志兵，2022）。为了保证预制构件的质量和建立装配式建筑质量的可追溯机制，生产厂家在预制构件生产阶段可以为各类预制构件植入含有构件几何尺寸、材料种类、安装位置等信息的RFID芯片，供各阶段工作人员读取、查阅并使用相关信息。将BIM与物联网RFID技术相结合，可以对构件进行编码。因为编码具有唯一性、扩展性，从而确保了构件信息的准确性。通过RFID技术对预制构件进行物流管理，可提高预制构件仓储和运输的效率。在施工过程中，可以通过RFID技术及时将构件质量、进度等信息反馈至BIM信息共享平台，以便生产方及时调整生产计划，减少待工、待料现象，并通过BIM平台实现双方信息的协同互通，确保项目的高效推进。

人工智能（artificial intelligence，AI）是一门专注于研究、开发用于模拟、延伸和扩展人的智能的理论、方法、技术及应用系统的技术科学。该领域的研究包括机器人、语言识别、图像识别、自然语言处理和专家系统等。人工智能技术作为新一代人工智能技术在处理复杂工程信息、解决复杂工程问题方面具有显著优势，将进一步赋能工程信息处理、科学决策优化过程。在建筑业中，人工智能技术的应用取决于行业和企业大数据积累以及行业规则算法的发展。通过有效整合这些资源人工智能技术以促进智慧建造和低碳建造的发展。

利用信息化工具可以实施施工碳排放的检测。通过数字孪生技术对实施监测数据与模拟预测数据进行对比，能够识别实际建造中的高碳排放环节，从而及时进行纠正。智慧建造不仅可以促进建造活动技术进步、提高效率，推动绿色效益提升和增强精益化，更将推进生产方式的根本性变革，促进建造活动整体素质的全面提升。工业化与信息化的深度融合是发展绿色建造的基本方向，通过信息互联技术与建筑企业生产、建造技术和管理深度融合，实现建造活动的数字化、精益化和低碳化。

5.3.7 可拆卸设计

可拆卸设计是一种通过规划和设计手段，目的是在产品寿命结束时最大限度地减少损失的设计方法。在产品设计过程中，可拆卸设计被视为一种能够简化拆卸过程，并能从材料回收和零件重新利用中获得最高利润的设计方法学（图5-27）。可拆卸设计作为低碳设计的主要内容之一，是绿色设计中研究较早、较系统的一种方法。它专注于如何通过优化设计，提高零部件拆卸和材料的分类效率，以便实现资源的回收利用。因此，在产品设计的初期，就应将可拆卸性作为结构设计的一个评价准则，确保所设计的结构易于拆卸，并在产品报废后，对可重用部分进行充分有效的回收和利用，以达到减碳的目的。

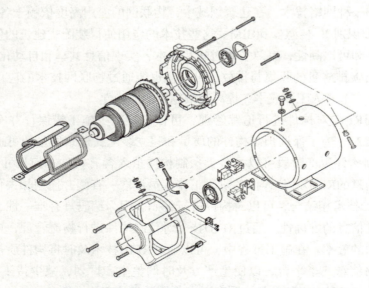

图 5-27　产品可拆卸设计（引自 needpix 网站）

装配式建造模式涵盖了预制装配式结构体系、围护体系、工厂化的部品部件，这些元素彼此之间相对独立，为装配、拆卸提供了可能，相较于传统的生产建造模式，在技术层面上更容易实现建筑垃圾的初步分离。装配式建筑的可拆卸设计特性使得建筑物在拆卸或翻新时，产品、零件和材料都能被轻松回收。拆卸后的预制建筑构件，经专业人员对强度和耐久性鉴定后，可作为建筑构件加以重复利用，实现资源的有效循环。

可拆卸设计的原则包括减少拆卸的工作量、易于拆卸、减少零件种类、提高结构的可预估性等（王玉，2017）。①减少拆卸工作量要求产品在满足功能要求和使用要求的前提下，应尽可能简化结构和外形，减少零件和材料种类，同时简化维护及拆卸回收工作，以降低对于维护与拆卸人员的技能要求。②要尽量采用简单的连接方式，尽量减少紧固件数量，统一紧固件类型，并使拆卸过程具有良好的可达性和简单的拆卸运动等。③易于拆卸原则要求不仅拆卸动作要快，而且易于操作。这就使得在结构设计时，应在拆卸零件上预留可供抓取的表面，且避免产品中存在非刚性零件，确保构件易于分离。④应尽量避免零件表面的二次加工，防止零件及材料损坏，并为拆卸与回收提供便于识别的标识。⑤产品结构的可预估性原则强调在设计中应避免将易老化或易被腐蚀的材料与需要拆卸和回收的零件组合，要拆卸的零部件应防止被污染或被腐蚀，以保持其具有良好的可回收性。

可拆卸设计中最重要的是对于节点的设计，可逆的节点设计有利于维护、替换、拆解回收工作。可拆卸式连接如螺栓、卡扣、滑轨等，其"干作业"方式是其与"湿作业"固定式连接的主要区别。以预制混凝土结构的可拆卸设计为例，应避免采用灌浆连接，而是尽可能采用螺栓连接。金属连接件的加工工艺是可拆卸连接的基础，在设计过程中，设计人员需依据装配方式对金属连接件进行设计，同时需考虑连接件的制造成本，在装配和成本间找到平衡，进而优化连接件的可拆卸性。此外，卡扣也是一种高效的可拆卸构造连接方式，其集定位件、锁紧件和增强件于一体，实现了将多种功能集于一身。在连接过程中，构件与构件之间借助定位功能件和锁紧功能件来完成。

小　结

本章首先梳理了装配式建筑的类型，按材料可分为装配式钢结构、装配式混凝土结构和装配式木结构，按构件可分为装配式框架体系、装配式板式体系和装配式模块体系。装配式钢结构和混凝土结构由于材料生产碳排放量高，而且建筑整体用材重量大，因此碳排放量较高。由于木材是一种低碳环保材料，而且树木生长还有碳汇作用，因此装配式木结构碳排放量较低，但也仍有减碳的空间。针对建材的减碳，最有效的方法就是通过设计优化减少材料的使用。

装配式框架体系、板式体系和模块体系由于组成构件的不同，碳排放组成有所差异。框架体系现场施工量大、工期长，这一阶段的碳排放相对较高；板式体系构件重，特别是实心板耗材量大，因此建材生产碳排放量高；而模块体系的箱体模块体积大，运输效率低，此部分碳排量高。针对不同体系特征，应有针对性地进行减碳设计。

装配式建筑全生命周期内建造相关的碳足迹包括建材生产、构件加工、建材及构件运输、现场组装、建筑维护、建筑拆除与垃圾处置的碳排放。其中建材生产碳排放量最高，因此需要通过设计手段减少材料使用，并减少加工和组装过程中的材料浪费。建筑拆除虽然产生的碳排放较少，但合理的拆除可以增加材料和构件和回收利用率，减少建材生产碳排放。合理的规划加工、运输和组装流程，可以缩短建造时间，并减少机械使用的碳排放。

装配式建筑作为建筑工业化的代表，建造效率和可持续性已经有所提升，但想进一步降低碳排放，还需要从设计到建造进行全方位提升。利用面向制造和装配的设计、并行设计、集成设计、BIM技术、精益生产与建造、智慧建造、可拆卸设计等技术，可以提升生产效率，降低装配式建筑碳排放。这些技术首先指向了整体性的、多专业协同的集成式设计，也就是要综合全面的考虑设计的各个方面。其次在加工和组装的实施过程中，要进行精细化处理，告别传统粗放型生产。而且应利用新的数字化、智能化、信息化技术，加强建造过程管理，指导实施过程。最后，要考虑全生命周期，重视生命结束后的回收利用。

装配式建筑由于绿色低碳的优势，未来将会在我国建筑业发展中占据重要地位。"十四五"建筑业规划大力支持装配式建筑和低碳建造。以装配式建筑为代表的新型建筑工业化应以实现工程建设高效益、高质量、低消耗、低排放为发展目标。

思考题

1. 装配式建筑有哪些类型？每种类型的特点和减碳手段有哪些？
2. 装配式建筑全生命周期有哪些阶段？针对不同阶段有哪些减碳手段？
3. 在装配式建筑设计时，可通过哪些技术实现低碳建造？
4. 在装配式建筑生产和建造中，有哪些提高效率、减少浪费、降低碳排放的技术？
5. 装配式建筑相比传统建筑在减碳方面有哪些优势？

推荐阅读书目

国外全预制装配结构体系建筑——建造技术与实践. 李国强，李春和，侯兆新等. 中国建筑工业出版社，2018.

装配式建筑系统集成与设计建造方法. 刘东卫. 中国建筑工业出版社，2020.

"双碳"目标下的中国建造. 毛志兵. 中国建筑工业出版社，2022.

工业化预制装配建筑全生命周期碳排放模型. 王玉. 东南大学出版社，2017.

建筑全生命周期的碳足迹. 李岳岩，陈静. 中国建筑工业出版社，2020.

参考文献

鲍健强，叶瑞克，2015. 低碳建筑论[M]. 北京：中国环境出版社.

博格勒，陈神周，2004. 轻·远：德国约格·施莱希和鲁道夫·贝格曼的轻型结构[M]. 北京：中国建筑工业出版社.

博卡德斯，布洛克，文纳斯滕，等，2017. 生态建筑学 可持续性建筑的知识体系[M]. 南京：东南大学出版社.

材见船长，2023. 低碳建筑选材宝典[M]. 北京：中国建筑工业出版社.

曹纬浚，2021. 一级注册建筑师考试教材（4）建筑材料与构造[M]. 北京：中国建筑工业出版社.

陈易，2015. 低碳建筑[M]. 上海：同济大学出版社.

崔愷，刘恒，中国建设科技集团，2021. 绿色建筑设计导则：建筑专业[M]. 北京：中国建筑工业出版社.

广州市城市管理和综合执法局，2023. 广州市建筑废弃物处置设施布局规划（2021—2035年）[R]. https://www.gz.gov.cn/gzzcwjk/attachment/7/7514/7514596/9349742.pdf.

郭啸晨，2020. 绿色建筑装饰材料的选取与应用[M]. 武汉：华中科技大学出版社.

郭学明，2018. 装配式建筑概论[M]. 北京：机械工业出版社.

郭屹民，傅艺博，日本建筑学会，2015. 建筑结构创新工学[M]. 上海：同济大学出版社.

国际标准化组织，2018. ISO 14067：2018温室气体-产品碳足迹-量化要求及指南[S]. https://www.iso.org/standard/71206.html.

国际能源署，2020. 2020年全球建筑和建造业状况报告[R]. https://wedocs.unep.org/handle/20.500.11822/34357.

国务院，1956. 关于加强和发展建筑工业的决定. https://baike.baidu.com/item/国务院关于加强和发展建筑工业的决定/22270408.

国务院办公厅，2016. 关于大力发展装配式建筑的指导意见. https://www.gov.cn/zhengce/content/2016-09-30/content_5114118.htm.

蒋博雅，2017. 工业化住宅全生命周期管理模式[M]. 南京：东南大学出版社.

鞠颖，陈易，2014. 全生命周期理论下的建筑碳排放计算方法研究——基于1997—2013年间cnki的国内文献统计分析[J]. 住宅科技，34：32-37.

李国强，李春和，侯兆新，等，2018. 国外全预制装配结构体系建筑——建造技术与实践[M]. 北京：中国建筑工业出版社.

李兰雨萱，2023. 日本小型轻钢装配式民用建筑设计研究[D]. 西安：西安建筑科技大学.

李晓娟，2021. 装配式建筑碳排放核算及减排策略研究[M]. 厦门：厦门大学出版社.

李学东，2009. 铁路与公路货物运输能耗的影响因素分析[D]. 北京：北京交通大学.

李岳岩，陈静，2020. 建筑全生命周期的碳足迹[M]. 北京：中国建筑工业出版社.

李悦，吴玉生，周孝军，等，2009. 轻钢住宅体系的国内外发展与应用现状[J]. 建筑技术，40：204-207.

林宪德，2007. 绿色建筑：生态·节能·减废·健康[M]. 北京：中国建筑工业出版社.

刘东卫，2020. 装配式建筑系统集成与设计建造方法[M]. 北京：中国建筑工业出版社.

刘贵文，2021. 工业化建筑全产业链主要材料和部品清单及碳排放测算手册：装配式混凝土建筑[M]. 重庆：重庆大学出版社.

刘占省，2019. 装配式建筑BIM技术概论[M]. 北京：中国建筑工业出版社.

龙恩深，欧阳金龙，王子云，2017. 绿色建筑材料及部品[M]. 北京：中国建筑工业出版社.

毛志兵，2022. "双碳"目标下的中国建造[M]. 北京：中国建筑工业出版社.

聂建国，2016. 我国结构工程的未来——高性能结构工程[J]. 土木工程学报，49：1-8.

任庆英，赵锂，陈琪，2021. 绿色建筑设计导则. 结构/机电/景观专业[M]. 北京：中国建筑工业出版社.

石永久，2022. 绿色低碳建造技术应用案例集[M]. 北京：中国建筑工业出版社.

王信刚，邹府兵，2023. 绿色先进建筑材料[M]. 北京：中国建筑工业出版社.

王玉，2017. 工业化预制装配建筑全生命周期碳排放模型[M]. 南京：东南大学出版社.

吴刚，欧晓星，李德智，等，2022. 建筑碳排放计算[M]. 北京：中国建筑工业出版社.

吴玉杰，2022. 建筑领域低碳发展技术路线图[M]. 北京：中国建筑工业出版社.

叶堃晖，2017. 低碳建造——从施工现场到产业生态[M]. 北京：中国建筑工业出版社.

英国标准协会，2011. PAS 2050：2011 Specification for the assessment of the life cycle greenhouse gas emissions of goods and services [S]. London: BSI Standards Publication.

俞天琦，2022. 绿色建筑设计原理[M]. 北京：中国建筑工业出版社.

张光磊，2014. 新型建筑材料[M]. 北京：中国电力出版社.

张季超，2014. 绿色低碳建筑节能关键技术的创新与实践[M]. 北京：科学出版社.

张建荣，2011. 建筑结构选型[M]. 北京：中国建筑工业出版社.

张孝存，王凤来，2022. 建筑工程碳排放计量[M]. 北京：机械工业出版社.

中国城市科学研究会，2022. 中国绿色低碳建筑技术发展报告[M]. 北京：中国建筑工业出版社.

中华人民共和国住房和城乡建设部，2010. 民用建筑绿色设计规范：JGJT 229—2010[S]. 北京：中国建筑工业出版社.

中华人民共和国住房和城乡建设部，2012. 民用建筑供暖通风与空气调节设计规范：GB 50736—2012[S]. 北京：中国建筑工业出版社.

中华人民共和国住房和城乡建设部，2018. 海绵城市建设评价标准：GB/T 51345—2018[S]. 北京：中国建筑工业出版社.

中华人民共和国住房和城乡建设部，2019. 绿色建筑评价标准：GB/T 50378—2019[S]. 北京：中国建筑工业出版社.

住房和城乡建设部，2015. 关于推进建筑信息模型应用的指导意见. http://www.cecs.org.cn/zhxw/7807.html.

住房和城乡建设部，2017. 木结构设计标准GB 50005—2017[S]. 北京：中国建筑工业出版社.

住房和城乡建设部，2019. 建筑碳排放计算标准GB/T 51366—2019[S]. 北京：中国建筑工业出版社.

住房和城乡建设部，2021. 木结构通用规范GB 55005—2021[S]. 北京：中国建筑工业出版社.

住房和城乡建设部，等，2020. 关于推动智能建造与建筑工业化协同发展的指导意见. www.gov.cn.

東京都オリンピック・パラリンピック準備局，2016. 東京2020オリンピック・パラリンピック競技大会実施段階環境影評価書アーチェリー会場(夢の島公園)[R]. https://www.2020games.metro.tokyo.lg.jp/hyoukasho_archery_all.pdf.

XUETAO XU, ZIYUN CHEN, XIZI WAN, et al., 2023. Colonial sand castle-inspired low-carbon building materials[J]. Matter，6（11）：3864-3876.